図解よくわかる

スマート水産業

デジタル技術が切り拓く水産ビジネス

日刊工業新聞社

⌘ はじめに

　海に囲まれた海洋国家である日本にとって、水産業は私たちの食卓や地域の社会・経済を支える重要な存在です。日本食・和食文化の中核となっている出汁に関して、多くの地域でかつお出汁、コンブ出汁、いりこ出汁といった水産物由来の出汁が広く使われています。焼き魚、煮魚、刺身、寿司などが日本食の代表格であることも含め、水産物と私たちの食事は切っても切り離せない関係だと言えます。

　一方で、日本の水産業はさまざまな課題に直面しています。気候変動による水産資源の減少や生息域の変化、過剰な漁獲による資源枯渇、新興国での水産物需要の急増による国際市場での買い負け、飼料費や燃料費の世界的な高騰による経営悪化と、どれも簡単には解決できない難問だらけです。水産業の総生産額や漁業就業者数は減少傾向にあり、わが国の水産業は非常に厳しい局面に差し掛かっています。

　そのような中、水産業においてもIoT（モノのインターネット）、AI（人工知能）、ロボティクスなどの最先端技術の活用が始まっています。日本の農業においてスマート農業の普及が始まっているのと同じように、今後、水産業においてもこれらの技術を活かした「スマート水産業」が根幹となっていくと期待されています。

　人工衛星データやセンサーデータをもとにどこに漁場が形成されているのか、養殖場の水質は適切に保たれているのか、といった情報を的確に把握したり、ロボットによって自動で釣りや餌やりを行ったりする技術の開発、実用化が進んでいます。スマート水産業は“最先端技術”と“水産業”という日本が強みや伝統を有する分野の融合であり、国内のみならず海外を含めたマーケットをトップランナーとして先導していける可能性を秘めています。

　上記のような観点を踏まえ、本書では、日本の水産業の課題を明確化した上で、主要なスマート水産技術について具体事例を交えて紹介しています。

加えて、今後のスマート水産業の普及に関する"追い風"と"向かい風"についても詳細に解説しています。本書の内容が、スマート水産業の導入を検討している水産事業者、スマート水産業の新規ビジネスを検討するビジネスパーソン、新たな研究に挑戦しようとする研究者や学生、水産業による地域振興を検討している自治体職員などの皆さんに対して、少しでもお役に立てば、筆者としてこの上ない喜びです。

　株式会社日本総合研究所に所属する農林水産業・食品・SDGs（持続可能な開発目標）・環境・テクノロジーなどを専門とする多くの研究員に執筆に参画してもらいました。豊富な経験と鋭い発想力をもとに、スマート水産業の概要、活用方法、将来性などについてわかりやすく解説頂いた執筆者の皆さんに感謝申し上げます。

　本書の企画、執筆に関して日刊工業新聞社の土坂裕子様に丁寧なご指導を頂きました。この場を借りて厚く御礼申し上げます。

　最後に、筆者の日頃の活動にご支援、ご指導を頂いている株式会社日本総合研究所に対して心より御礼申し上げます。

2022年11月

株式会社日本総合研究所　創発戦略センター

三輪 泰史

⌘ 目　　次

はじめに …1

第1章　日本の水産業の特徴

1 日本の水産業とは　日本の食文化を支える重要な産業　…10

2 漁業の分類と特徴　存在感を増す養殖業　…12

3 養殖業とは　天然資源の減少を補う貴重な水産資源　…14

4 水産物の流通構造　存在感を増すダイレクト流通　…16

第2章　日本の水産業に迫る5つのリスク

5 漁業者の減少による生産基盤の弱体化　生産効率の抜本的な向上が不可欠　…20

6 気候変動によるリスク①　海面水温の上昇
魚介類の生息域移動や資源減少が顕著に　…22

7 気候変動によるリスク②　今後の変化と影響
温暖化の悪影響はもはや避けられない段階に　…24

8 周辺国との取り合い①　世界の水産物需要
ヘルシー志向で拡大する水産物マーケット　…26

9 周辺国との取り合い②　資源獲得競争　"買い負ける日本"が現実問題に　…28

10 深刻化する燃料費高騰
省エネ技術によるコスト削減＆環境負荷低減が急務　…30

11 深刻化する飼料価格の高騰　養殖業の拡大におけるボトルネックに　…32

第3章　水産物需要のトレンド

12 水産物消費の動向　魚離れが顕著に　…36

13 人気魚種の変遷　顕著なサーモン＆マグロ人気　…38

14 水産物に対する消費ニーズ　食べやすい、料理しやすい魚種へのシフト　…40

15 水産物×健康志向　現代の消費者の健康ニーズにぴったり合致　…42

16 水産物の消費形態の変化　魚料理は「外で食べる」「買う」が中心に　…44

第4章　スマート水産業はビジネスになる

17 スマート水産業の定義と分類

　　水産業での活用が加速するIoT、AI、ロボティクス　…48

18 スマート水産業の動向　スマート水産業はまさに黎明期へ　…50

19 おいしさを追求する消費者　スマート水産業から生まれるヒット商品　…52

20 水産業×SDGs　ビジネスでSDGsに貢献する　…54

21 プロテインクライシスへの対抗策

　　「養殖システム＋新たな飼料」の開発にビジネスチャンス　…56

22 拡大する水産物輸出　日本食ブームが輸出の追い風に　…58

23 水産物の輸出促進戦略　海外の基準への適合が拡大のカギ　…60

第5章　スマート水産業×海面漁業

24 人工衛星リモートセンシング　宇宙から海の状況を的確に把握　…64

25 赤潮モニタリング　養殖業のリスク低減策の基礎　…66

26 漁業支援アプリ　作業記録やノウハウを効率的に蓄積　…68

27 漁場予測システム　IoTやAIを駆使して漁場を予測　…70

28 漁場情報、海況情報配信サービス　漁場や海況を事前に把握　…72

29 AIを活用したスマート水産技術　"匠の技"をAIで再現　…74

30 ビッグデータ活用　漁船ごとのデータを集約して活用　…76

31 スマート水産業のデータ連携基盤　データ共有が生み出す新たな価値　…78

32 漁獲のオートメーション化①　省力化と効率化を支える釣りロボット　…80

33 漁獲のオートメーション化②　研究が進む漁船の自動運航　…82

第6章　スマート養殖業

34 給餌ロボット　ロボティクスで省力化と給餌最適化を実現　…86

35 水中ドローン／小型ROV　モニタリング用と作業用が実用化　…88

36 IoTを活用した水管理システム　生産効率向上と病気発生抑制のカギ　…90

37 注目される陸上養殖　食料安全保障の切り札としても期待　…92

38 急拡大する陸上養殖ビジネス　高級魚を中心に対象魚種が急増中　…94

39 陸上養殖の強みと弱み　陸上養殖ならではのビジネスモデル構築を　…96

40 再生可能エネルギーの導入　カーボンニュートラル養殖へのチャレンジ　…98

第7章　地域の資源を活かしたサステナブル養殖

41 資源循環型養殖の台頭　品質、環境、資源、ブランドの一石四鳥　…102

42 農業と水産業の資源循環
ブルーエコノミーのポテンシャルを活かした事業創出　…104

43 農業残渣の機能性を活かした品質向上策
健康志向にマッチしたヒット商品　…106

44 野菜残渣×未利用水産物で価値を創出
藻場の回復と地域の特産品開発の両立　…108

45 地域の特産物を軸にしたブランド構築
トップブランド品とのシナジー効果 …110

第8章 スマート水産業×加工・流通

46 水産物のインターネット販売　漁業者と消費者を直結する新たな流通ルート …114

47 スマート水産物流通　デジタル技術を活用した物流効率化 …116

48 高度化する鮮度管理技術　水産物の品質を保持／向上 …118

49 水産物加工の自動化技術　人手不足を補うオートメーション技術 …120

50 水産物に関する調理ロボット　回転寿司チェーンがトップランナー …122

51 水産物輸出を後押しするスマート技術
ICTを活用した手続き簡略・迅速化 …124

第9章 付加価値を高めるバイオテクノロジー

52 バイオテクノロジーを利用した水産育種
マーカーアシスト選抜による効率化 …128

53 ゲノム編集技術とは　ピンポイントでの編集により育種効率を向上 …130

54 商品化が始まったゲノム編集水産物
飼料利用効率の向上により効率的にタンパク質を供給 …132

55 ゲノム編集食品に関するルール整備
食品としての安全性、生物多様性への影響などを確認 …134

56 細胞培養で作る培養魚肉　国内外で技術開発が加速 …136

第10章　台頭する藻類養殖

57 食用藻類の分類　多種多様な魅力をもつ藻類　…140

58 食用藻類の培養技術　藻類の特徴に応じた培養方法　…142

59 食用藻類の機能性　藻類にしかない特有の機能も　…144

60 藻類の医薬品・健康食品への利用　期待される新たな展開　…146

61 藻類とアンチエイジング化粧品
　　藻類の魅力活用と地域産業連携が事業継続のポイント　…148

62 藻類の燃料・エネルギーへの活用　急速に需要が拡大する航空燃料　…150

第11章　スマート水産業を加速させる最新トレンド

63 環境への配慮を盛り込む「みどりの食料システム戦略」
　　水産分野でも高まる環境意識　…154

64 食料安全保障リスクの増大　養殖用国産飼料の技術開発が急務　…156

65 水産業における温室効果ガス削減　研究開発が加速する"ブルーカーボン"　…158

66 世界で注目されるブルーエコノミー
　　スマート水産業でサステナブルな成長を　…160

67 消費者に価値を伝えるデジタル技術
　　直接的なつながりで"参加"を促す　…162

データ・コレクション **1** …18

データ・コレクション **2** …34

データ・コレクション **3** …46

データ・コレクション **4** …62

データ・コレクション **5** …126

データ・コレクション **6** …138

データ・コレクション **7** …152

第1章

日本の水産業の
特徴

日本の水産業とは

日本の食文化を支える重要な産業

　「水産業」とは、水産物を捕獲・養殖・加工などで取り扱う産業で、農業、林業とともに第1次産業を構成しています。水産業には主に漁業や水産加工業などが含まれます。水産業は周囲を海に囲まれた日本では、古くより食材供給を担うとともに漁村の社会、経済を支える重要な産業に位置付けられてきました（**図1-1**）。

　水産業のうち、漁業は主に天然魚の漁獲と養殖に分けられます。同じ第1次産業である農業と比べると、養殖は農業における農作物の栽培や家畜の飼育に該当します。一方で、海、川、湖などでの漁業は、農業では野生動物の狩猟（ジビエ）や山菜採りに当たります。このように漁業は農業と比べて自然への依存度が高いことがわかります（養殖については第6章、第7章に詳述）。

　次に、水産物について見てみましょう。「水産物」とは、魚介類や海藻類など、海、川、湖、沼から産するものの総称です。水産物は主に魚類、貝類、水産動物類、海産ほ乳類、海藻類などから構成されます（**表1-1**）。

　また、「魚介類」とは、魚類、貝類、水産動物類などの総称です（なお、街中でたまに見られる「魚貝類」という単語は、一般的な表記ではない）。水産物のうち、海産のものは「海産物」、湖・沼・河川産のものは「淡水産物」と呼ばれています。

　これらの水産物は、日本の食文化の根幹をなす重要な食材です。日本各地の縄文時代の貝塚から魚の骨が発見されていることからも、古来より親しまれてきたことがわかります。近年は世界的に日本食・和食ブームが起き、日本式の魚料理の輪が世界に広がっています。

　水産業の振興に向け、農林水産省では水産基本計画を策定しています。同計画は水産基本法に基づき策定される中期的な指針で、最新版は2022年に策定されています。計画では、「水産物の安定供給の確保」や「水産業の健全な発展」という全体方針が示されるとともに、自給率目標が設定されています。

　その中で漁船漁業については、持続的な発展がうたわれており、主要施策の1

つとしてスマート水産技術の活用が掲げられています。また、養殖業については成長産業化の方針が示されており、マーケットイン型養殖業の推進が重視されています。全体感としては、農業に5～10年遅れる形で、デジタル技術の活用によるスマート化や成長産業化のための規制緩和が進んでいる印象です。スマート農業のマーケット拡大をなぞると、スマート水産業についても2020年代後半から本格的なビジネスチャンスが出てくると考えられます。

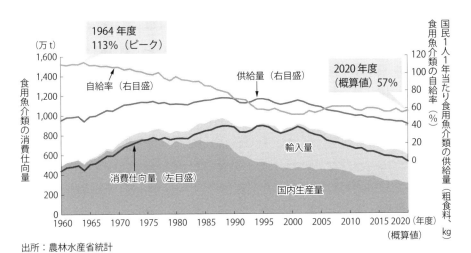

出所：農林水産省統計

図1-1　食料魚介類の生産・輸入・自給率

表1-1　水産物の分類

分類	例
魚類	タイ、マグロ、アジ、ウナギ など
貝類	アサリ、シジミ、ホタテ、カキ など
水産動物類	甲殻類（エビ、カニ）、スッポン など
海産ほ乳類	クジラ など
海藻類	コンブ、ワカメ、モズク など

出所：筆者作成

oint

● 農業、林業とともに第1次産業を形成。地域の経済、社会の根幹をなす重要な産業

● スマート農業に5～10年遅れる形で、スマート水産業の技術開発、事業化が本格化

2 漁業の分類と特徴

存在感を増す養殖業

　漁業は主に、①沿岸漁業 ②沖合漁業 ③遠洋漁業 ④養殖業の4つに分類されます。このうち沿岸漁業、沖合漁業、遠洋漁業は、天然の水産物を漁獲するものです。一方で養殖業は海、湖沼などで人為的に水産物を育てる手法です。

　沿岸漁業は、漁港近くの陸地が見える程度の海で漁を行うものです。個人、家族経営といった小規模経営が中心で、5トン以下の小型漁船での漁獲が中心です（定置網漁の場合には若干大き目の漁船）。古くから実施されてきた漁業で、対象となる魚種は多岐にわたり、地域の食生活を支えています。しかし、近年は海や湖が荒廃して漁獲量が激減するケースも散見されます。

　沖合漁業は日本の沖合の海域（陸地より200海里以内）で漁業を行うもので、数十トンから百数十トンの中型漁船が一般的です。漁の期間は数日間が多いものの、時に1カ月を超えるような長期の漁も存在します。巻き網漁法などでイワシ、アジ、サンマ、サバ、エビ、カニなどを漁獲します。

　遠洋漁業は漁港から遠い漁場での漁で、数百トンクラスの大型漁船を用います。1カ月から、時に1年を超える長期の漁となるため、漁獲した水産物は船内で冷凍保存されます。代表例としては、マグロのはえ縄漁、カツオの一本釣り漁、遠洋イカ釣り漁などが挙げられます。大型漁船を用いるため豊富な資金が必要であり、企業化が進む分野です。近年は燃料費高騰が収益を直撃しており、また海外の漁船との漁獲競争も激化しています。

　養殖業は、対象の魚介類を出荷サイズになるまで水槽や生け簀で人工的に育てた上で出荷する漁業を意味します。農業分野で言えば、牛・豚・鶏などの家畜を人為的に育てる「畜産」と似ています。農業では農業者に栽培、飼育された穀物、野菜、果樹、畜産物などがメインで、天然ものは山菜、野草、ジビエなどといった一部の商品に限られますが、水産業では天然ものの漁獲の方が多い点が異なっています（図1-2）。

　2020年のデータでは生産額の割合は漁業（沿岸、沖合、遠洋の合計）が6割弱、養殖業（海面、内水面の合計）が4割強となっています（図1-3）。漁業生産額の大

幅な落ち込みを受けて、養殖業の割合が高まっていることが見て取れます。

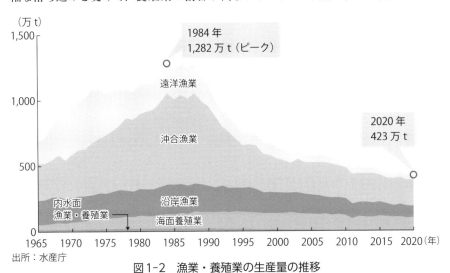

図1-2　漁業・養殖業の生産量の推移

出所：水産庁

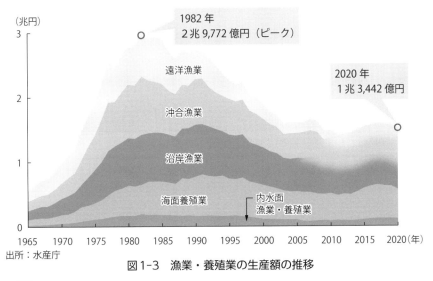

図1-3　漁業・養殖業の生産額の推移

出所：水産庁

Ｐoint

● 日本の水産業は漁獲量、漁獲高ともに大幅に減少

● 養殖業は堅調。結果として養殖業の重要度が高まっている

3 養殖業とは

天然資源の減少を補う貴重な水産資源

　気候変動の影響や国際的な水産資源の取り合いの激化を受けて、水産物の消費量の多い日本においては、天然資源だけでは水産物の安定供給が難しくなってきました。その中で、気候変動の影響が限定的であり、かつ自らの管理下で水産物を安定供給できる養殖業の拡大が重要となっています。

　養殖業は海で行われる海面養殖と、湖沼や川で行われる内水面養殖の2つに大別されます。加えて、近年は陸上の水槽・タンクなどで栽培する陸上養殖も増加しています（図1-4）。

　基本的に海面養殖ではマグロ、タイ、ブリ、カンパチなどの海水魚など、内水面養殖ではアユ、ワカサギ、ウナギ、コイなどの淡水魚などが育てられています（表1-2）。2020年の生産額データを見ると、海面養殖が4,559億円、内水面養殖が963億円となっており、海面養殖の占める割合が高くなっています。

　前項の通り、日本の漁業・養殖業の生産額は、漁業（沿岸、沖合、遠洋）は中長期で減少傾向が続いていますが、一方で養殖業については堅調であり相対的に重要度が高まっています。また、量の面だけでなく、質の面における養殖業への注目度も高まっています。

　水産物養殖は農産物栽培や家畜飼育と似た産業であるため、供給の安定性に加え、消費者・実需者のニーズに合わせて味、品質、大きさを調整することが可能という特徴があります。また、生の魚介類に含まれるアニサキスなどの寄生虫による健康被害がしばしば報道されていますが、養殖では適切な衛生管理を行うことでそのような寄生虫などのリスクを抑えることができるため、回転寿司チェーンをはじめとする外食店などでも扱いやすくなっています。

　以前は「養殖ものは天然ものに劣る」というイメージが持たれていましたが、最近は飼養手法や餌が改良され、品質や安全性を売りにした"ブランド養殖もの"が生まれています。消費者の水産物に対する嗜好が「脂ののり」を重視する傾向になってきていることも、以前から時に「くどい、脂っぽい」と指摘されてきた養殖ものに対する抵抗感の低減につながっているとの指摘もあります。また、第7

章[41]項のように果物の搾りかすなどの、エコかつ機能的な餌を用いたフルーツ魚も各地で台頭しており、天然ものなどのブランド魚に匹敵する、時には凌駕する評価を得る商品も出てきています。

なお、養殖業と混同しやすい「栽培漁業」は、卵から稚魚になるまで人工的に育てた上で海に放流し、自然の海で成長したものを漁獲する漁業です。代表例として、サケ、マス、ヒラメなどが挙げられます。

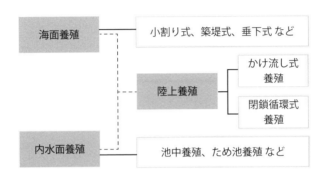

注：陸上養殖を海面養殖や内水面養殖と並列に並べている分類も存在する
出所：筆者作成

図1-4　養殖業の分類

表1-2　養殖ものの分類

養殖業	魚類	その他（貝類など）
内水面	ウナギ、マス、アユ など	スッポン など
海面	マグロ、タイ、ブリ、カンパチ など	ホタテ、カキ など

出所：筆者作成

oint
- 天然水産資源の減少を受け、養殖業の重要性が大きく向上
- 水産養殖≒農産物栽培・畜産
- 安定供給・高品質・安全性で天然ものの価値へのキャッチアップを目指す

水産物の流通構造

存在感を増すダイレクト流通

　水産物の流通には、「市場流通」と「市場外流通」があります。

　まず、「市場流通」とは、市場を介して水産物を供給する流通ルートを指します。市場には主に、①集荷・分荷機能 ②価格形成機能 ③決済機能 ④情報受発信機能の4つの機能があります。

　漁港で水揚げされた水産物は、港に隣接する産地卸売市場で集荷され、魚種・大きさ・品質などによって仕分けされ、産地出荷業者や加工業者といった買受人に対して販売されます。それらの水産物（加工される場合も含む）は消費地卸売市場に出荷され、そこで仲卸業者や小売業者などの買受人に販売され、小売店や外食店を経て私たち消費者の手元に届けられています（**図1-5**）。

　水産物は鮮度が落ちやすい点が弱点ですが、市場流通では数多くの水産物を短時間で捌くことが可能であり、これまで水産物流通の主軸を担ってきました。しかし、多くのステークホルダーを介することによって中間マージンが高くなってしまうことが課題とされてきました（**図1-6**）。

　一方、「市場外流通（ダイレクト流通）」は、小売・外食業者などと産地出荷業者との消費地卸売市場を介さない産地直送、漁業者と加工・小売・外食業者などとの直接取り引き、インターネットを通じた消費者への直売などのように、市場を介さない流通形態のことを指します。ITやコールドチェーンの発達により、市場を通さず直接販売することが容易となってきました。

　市場外流通では、従来の市場流通では弾かれてしまっていたローカルな魚種や未利用魚などの調達も可能です。大手小売店による一艘買い（契約する漁船が釣り上げた魚介類を丸ごと買い上げるもの）といったユニークな取り組みも出ています。

　2018年度の市場流通された水産物の量は20年前の半分程度にまで減っており、消費地卸売市場経由率は約47％と、20年前より3割ほど低下しています。かわりに漁業者と実需者・消費者を直結する市場外流通が存在感を高めてきました。

　市場流通と市場外流通にはそれぞれ特徴と役割があり、どちらが優れているかという単純比較はできませんが、消費ニーズの変化やデジタル化の進展といった

外部環境の変化により、それぞれの果たす役割が変わってきています。それが両者のシェアの変化という形で表れていると言えるでしょう。

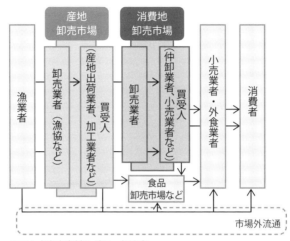

出所：水産庁資料などを一部改変

図1-5　水産物の流通構造

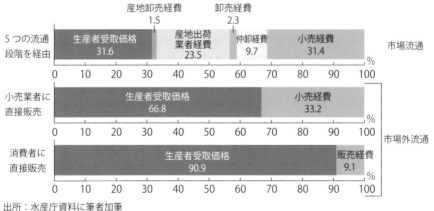

出所：水産庁資料に筆者加筆

図1-6　市場流通における価格形成

oint

● 水産物流通は市場流通と市場外流通に大別。従来は前者がメイン

● 消費ニーズの高度化やITの普及で、市場を介さないダイレクト流通の流通が台頭

　それぞれの項目のページで記載できなかった資料をまとめました。資料ごとに参考となる項目番号を加えましたので、あわせてご覧ください。

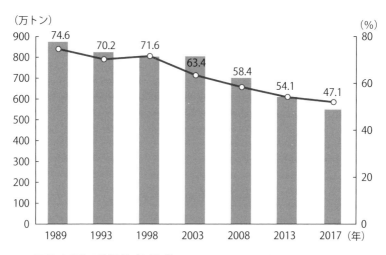

出所：水産庁統計をもとに作成

水産物の卸売市場経由率（第１章 ④ 項）

第2章

日本の水産業に
迫る5つのリスク

5 漁業者の減少による生産基盤の弱体化

生産効率の抜本的な向上が不可欠

　日本の漁業就業者（満15歳以上で過去1年間に漁業の海上作業に30日以上従事した者）は長期にわたって減少傾向にあります。**図2-1**の通り、2020年の漁業従事者は約13.6万人で、2003年の約23.8万人と比較して4割以上減少していることがわかります。また、漁業者の高齢化も顕著で、平均年齢は約57歳と年々高まっています。ただし、農業従事者（基幹的農業従事者）の平均年齢は67.8歳（2020年統計）であり、それと比べると若いこともわかります。

　続いて、新規漁業就業者の動向を見てみましょう。漁業就業者数の全体が減少傾向にある中、新規漁業就業者数は毎年約2,000人程度と続いてきましたが、令和に入って減少が見られ、約1,700人／年となっています。

　新規漁業就業者の特徴として、若手の割合が多いことが挙げられます。水産庁の統計によると、新規漁業就業者の約70％が39歳以下の若い世代です。そのため、漁業就業者全体に占める若手の割合が微増傾向にあります。平均年齢や新規就業者の面で農業と違いが生じる背景として、漁業が海や湖などでの業務であり、より体力が求められることが一因とされています。

　これからの日本の水産業を支える存在である新規漁業就業者数については、就業形態によって傾向に差のあることがわかります。雇用される形での就業は下げ止まり、近年は横ばいを維持しています。一方で、自営的な新規就業者は急激な減少が続いています（**図2-2**）。自営的な漁業は経営リスクが高いため敬遠されがちであり、「収入が安定」「投資が不要」といった点から漁業関連企業などに就職する形での新規漁業就業者の割合が増えています。また、自営的な新規就業者が少ない一因として、就業希望者を弟子として育成する現役漁業者が減少している点も指摘されています。

　なお、漁業就業者が減少する中、わが国の漁業者1人当たりの漁業生産量および生産漁業所得はおおむね増加傾向で推移しています。スマート水産業の普及により、漁業者1人当たりの生産性をさらに飛躍的に高めることができれば、国内の生産規模を維持できるだけでなく、漁業を"儲かる産業"に変え、高い所得を

得ることも可能となると期待されています。

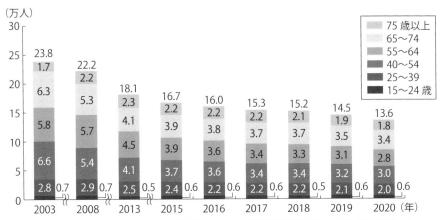

出所：農林水産省「漁業構造動態調査」、「漁業センサス」、「漁業就業動向調査」をもとに筆者作成

図2-1　漁業就業者数の推移

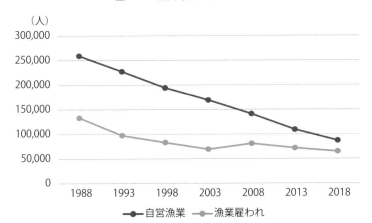

出所：農林水産省「漁業センサス」をもとに筆者作成

図2-2　漁業就業者の内訳の推移

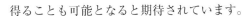oint

● 漁業者の減少と高齢化が進展。ただし、農業と比べて若手・中堅人材の割合が高い点が特徴
● 新規漁業就業においては、企業へ就職する形へのシフトが顕著。漁業の産業化の流れとも合致

気候変動によるリスク①
海面水温の上昇

魚介類の生息域移動や資源減少が顕著に

　私たちが暮らす地球を覆う大気には、熱が逃げるのを防ぐ布団の役割を果たす「温室効果ガス」が含まれています。人類をはじめとした生命の営みにはなくてはならない温室効果ガスですが、産業革命以降に人間活動からの排出量が急増したことで、地球全体の気温が上昇する「地球温暖化」が急速に進んでいると見られています。また、地球温暖化は長期の気象現象、いわゆる気候をさまざまな側面で変化させているとされます。これが「気候変動」です。

　気候変動は気温や降水など、陸上や大気だけでなく、海にもその影響が明らかにあらわれています。最新の100年間にわたる観測結果によれば、日本近海における海面水温は年平均1.19℃上昇していることがわかります（図2-3）。日本全体の気温は、同じく100年間の観測結果から年平均1.28℃上昇しており、海面水温も気温と同じ程度に温暖化が進んでいると言えます。また、世界全体で平均した海面水温の上昇率（0.56℃）と比べると、日本近海の海面水温の上昇率が大きいことが特徴です。

　続いて、気候変動の水産業への影響に焦点を当てましょう。海面水温の上昇は、水産業にさまざまな影響を及ぼしていると想定されています。近年では、北海道でのブリの豊漁やサワラの分布域の北上、九州沿岸での磯焼けの拡大とイセエビやアワビなどの磯根資源の減少、南方性エイ類の分布拡大による西日本での二枚貝やはえ縄漁獲物の食害の増加などが、海面水温の上昇が主因である事例として報告されています（図2-4）。

　また、中期的な変化として、サケの夏季の分布可能域が北へシフトした結果、北太平洋における分布可能域の約1割の面積が減少した可能性があるとの報告もあります。このように、水産業には気候変動によるさまざまな影響が及んでいると見られています。

　陸上における農林業と同じく、水産業は魚介類などの生物に直接関わることから、わずかな変化であっても気候変動による影響を大きく受ける可能性があります。また、気候変動による変化は平均的・慢性的だけでなく、局所的・急性的に

起こるものもあるため、さまざまな時間・距離などのスケールを検討して対応する必要があると言えます。

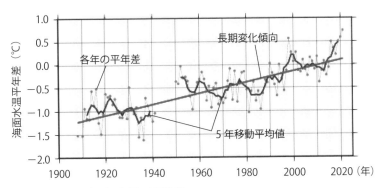

注：平年値は1991～2020年（30年間）の平均値
出所：気象庁ウェブサイト
[https://www.data.jma.go.jp/gmd/kaiyou/data/shindan/a_1/japan_warm/japan_warm.html]

図2-3　日本近海の全海域平均海面水温（年平均）の平年差の推移

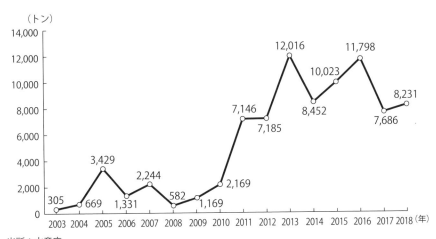

出所：水産庁

図2-4　北海道におけるブリ漁獲量の推移

oint
● 温暖化の影響で海水温が上昇。特に日本近海での上昇が顕著
● 魚介類の生息域の変化、資源量の減少、食害の増加などの悪影響が発生

気候変動によるリスク② 今後の変化と影響

温暖化の悪影響はもはや避けられない段階に

　気候変動の影響については、すでに現れている現象の把握・分析にとどまらず、その結果を踏まえて将来起こりうる変化を予測し、影響に備えることが重要です。

　国連気候変動に関する政府間パネル（IPCC）は、科学・技術・社会経済的な見地から気候変動に包括的な評価を行うことを目的として設立された組織です。IPCCが2022年4月に公表した報告書では、気候の現状について「人間の影響が大気、海洋及び陸域を温暖化させてきたことには疑う余地がない」と述べています。さらに、海洋に関する将来気候については「世界の海洋の将来の温暖化は避けられない」としており、影響が懸念されています。具体的には、直近の約50年間と比べて、21世紀末までの温度変化は最大8倍にも及ぶ可能性[※1]が指摘されています。

　また、海洋に起こりうる変化は温度だけにとどまらず、さまざまな海洋環境に影響を及ぼします。近年、気候変動の影響として指摘されているのは「海洋酸性化」です（図2-5）。大気中に放出された主要な温室効果ガスである二酸化炭素（CO_2）の一部は海洋に吸収されています。そのため、大気中のCO_2濃度が上昇すると海洋にも多くのCO_2が取り込まれることになります。一般的に海水は弱アルカリ性を示しますが、CO_2が多く溶け込むことで長期にわたってアルカリ性が弱まる現象を「海洋酸性化」と呼んでいます。

　海洋酸性化は、植物プランクトン、動物プランクトン、サンゴ、貝類や甲殻類など、さまざまな海洋生物の成長や繁殖に影響を及ぼすため、海洋の生態系に大きな変化が起きる怖れがあります。気候変動による海洋への影響は、さらにスケールの大きな海洋の循環にも及ぶ可能性も指摘されています。

　深層にも視界を広げると、海水の水温と塩分による密度差による地球規模での循環が存在しており、これは「熱塩循環」と呼ばれています。現在の気候では、北大西洋のグリーンランド沖と南極大陸の大陸棚周辺で冷却された表層の海水が、重くなって底層まで沈みこんだ後、世界の海洋の底層に広がり、底層を移動する間にゆっくりと上昇して表層に戻るという循環が確認されています。この循

環は、約1000年スケールにも及びます。

　地球温暖化などの気候変動の影響を受け、海面水温の上昇により底層まで沈みこむような重い海水の形成が妨げられること、および降水量増加や氷床融解などによる塩分減少で、表層の海水密度が軽くなって沈みこむ量が減少することにより、深層循環が弱まる可能性が指摘されています。その結果、例えば北大西洋での深層水形成が弱まった場合、南からの暖かい表層水の供給が減り、北大西洋およびその周辺の気温の上昇が比較的小さくなることが指摘されています。

　気候変動による熱塩循環の変化と、その影響については現在も調査研究が進められています。調査船や人工衛星によるモニタリングとともに、関係省庁や大学などとも連携した数値予測モデルによる研究や影響評価を進め、取り得る対策案を事前に検討しておく取り組みを継続することが重要です。

※1　21世紀末までの温度変化は最大8倍にも及ぶ可能性：気象庁「IPCC 第6次評価報告書 第1作業部会報告書 気候変動 2021：自然科学的根拠 政策決定者向け要約（SPM）暫定訳（2022年5月12日版）」

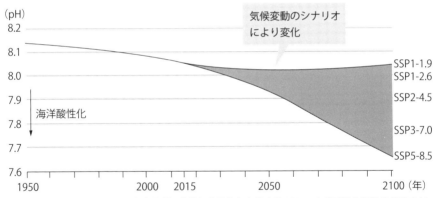

出所：気象庁「IPCC 第6次評価報告書 第1作業部会報告書 気候変動 2021：自然科学的根拠 政策決定者向け要約（SPM）暫定訳（2022年5月12日版）」をもとに筆者作成

図2-5　世界全体の海面付近のpH（酸性度の尺度）

Point
- 地球温暖化による海水温上昇に加え、海水の酸性化も進展
- 熱塩循環の変化は、海水温および気温にも大きな影響あり

8 周辺国との取り合い①
世界の水産物需要

ヘルシー志向で拡大する水産物マーケット

　国連食糧農業機関（FAO）によると、世界全体では1人1年当たりの食用魚介類の消費量が過去50年で約2倍に増加し、近年においてもそのペースは衰えていません（**図2-6**）。日本においても所得水準の向上に伴い、穀物中心の食生活から肉や魚といったタンパク質の積極的な消費へとシフトしましたが、まさに新興国でも同じ現象が生じているわけです。

　1人1年当たりの魚介類消費量は世界的に増加傾向ですが、もともと魚を食べる食文化を有するアジア地域、オセアニア地域で顕著な増加を示しています。特に、中国では過去50年で約9倍、インドネシアでは約4倍となっており、新興国を中心とした伸びが目立ちます。新興国の多くでは、今後もしばらくは人口増加と経済成長が続くと見込まれており、さらなる水産物需要の増加が予想されます。

　一方で、水産物の生産量については伸び悩みが懸念されています。天然の水産資源は有限であり、持続可能な水産業を実現するためには漁獲量の上限を設定する必要があるからです。現状でもすでに過剰な漁獲が見られ、持続性に黄色信号がともっている魚種のある状況です。漁獲量は1980年代後半以降横ばい傾向となっており、天然資源依存は限界を迎えています。一方、天然ものの不足を補うべく、養殖業の生産量は急激に伸びており、特に中国とインドネシアの伸びが顕著です（**図2-7**）。

　近年は日本においても、"大衆魚"であったサンマが年によっては"高級魚化"してしまうなど、水産物の価格高騰が現実問題となっています。漁獲量については資源管理の観点から国際的な枠組み（漁獲量の割り当てなど）が設けられていますが、一方で需要面に関しては世界的な水産物消費の急増を止めることは困難と言えます。そのため、世界的な需給ひっ迫の中でも水産物を安定的に供給するためには、養殖業（陸上養殖を含む）のさらなる拡大、枯渇が懸念される現状の小魚由来の飼料から藻類飼料・植物性飼料への切り替え、そして場合によっては代替魚肉（第9章56項に詳述）のような代替タンパクの積極的な導入も選択肢となります。

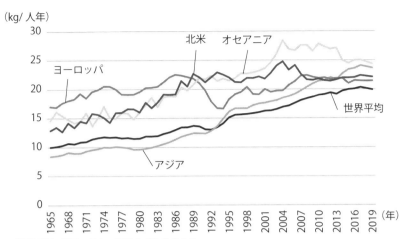

※世界平均にはアフリカ、南米なども含まれる
出所：FAOSTATより筆者作成

図2-6　世界の1人当たり魚介類消費量（年間）の推移

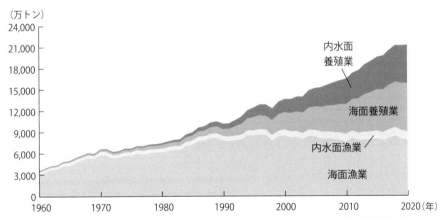

資料：FAO「Fishstat（Global capture production、Global aquaculture production）」（日本以外）および農林水産省「漁業・養殖業生産統計」（日本）にもとづき水産庁で作成
出所：水産庁「令和3年度水産白書」

図2-7　世界の漁業・養殖業生産量

oint

● 新興国の経済成長と人口増加を受けて、水産物の需要が増加傾向

● 漁獲量には限界があり、需給はひっ迫。天然資源に依存しない養殖による供給
　拡大が不可欠に

周辺国との取り合い②
資源獲得競争

"買い負ける日本"が現実問題に

　前項では新興国を中心とした水産物の需要増加と、それに伴う需給ひっ迫について解説しました。そのような中、以前のように日本が良質な水産物を世界中から買い集めることが徐々に難しくなってきています。図2-8のように、貿易統計からも、多くの水産物においてこの10年（2011年⇒2021年）で輸入量が減少していることがわかります。新型コロナウイルスによる需要減少の影響もあるものの、以前よりも輸入しにくくなっている事態に直面しています。

　特に顕著なのが、中国に対する"買い負け"です。中国国内の日本式寿司店（回転寿司を含む）や日本食店で人気の高い魚種であるマグロ、サーモン、エビ（ボタンエビ、甘エビなど）では、中国の流通事業者が日本よりも高値で買い上げる現象が起きています。

　若干極端な例ではありますが、日本で水揚げされたマグロが輸出用に高値で買い付けられる、というケースも散見され、ウニ、カニなどの高級水産物でも同様の傾向が見られます。ほかにも、メロ（銀ムツ）のような脂乗りの良い魚種も人気が高く、国際価格が大幅に上昇するだけでなく、日本の輸入量は10年間で約1/10にまで急減しています。また、欧州ではスペインを中心にタコの需要が伸びており、安値での輸入が難しくなってきていると言います（欧州でタコを一般的に食する国はスペイン、イタリア、ギリシャなどの地中海沿岸の一部の国に限られる）。

　最近の円安傾向により、日本の買い負けはより深刻化すると考えられます。円安では輸入品が割高になるため、グローバルマーケットでの値上がりと円安が相まって、日本の低価格帯の回転寿司チェーンなどでは取り扱いにくくなってしまった魚種も散見されます。

　また回遊魚に関しては、魚が日本の近海まで北上してくる前に他国によって乱獲されているとの指摘もあります。主要な魚種については各国の漁獲量の上限が設定されていますが、残念ながら違法操業が絶えず、日本の漁獲量の減少を引き起こしています。

　一方で、中国やアメリカなどでの高級水産物の需要増加は、日本の水産業にとっては輸出拡大の絶好の機会となっています。資源獲得競争が激化する中、輸入と輸出のバランスを総合的に考える必要があります。

　もはや「お金を出せばいつでも良質な水産物を世界中から買える」という時代ではありません。グローバルマーケットにおける日本の購買力低下を直視した上で日本産水産物の輸出の好機を活かす、したたかな戦略が欠かせません。養殖ものを含めた国産水産物への回帰は、スマート水産技術の普及の後押しになるとも期待されています。

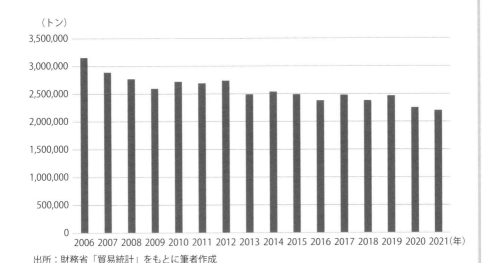

（トン）

出所：財務省「貿易統計」をもとに筆者作成

図2-8　水産物輸入量の推移

Point

● グローバルマーケットでマグロなどの人気魚種の買い付けができない“買い負け”が増加
● 安くて良質な水産物を輸入できる時代ではなくなったという認識が重要。国内の水産業の振興が改めて重要に

深刻化する燃料費高騰

....

省エネ技術によるコスト削減＆環境負荷低減が急務

　燃料価格が高騰し、漁船の運航や養殖における水温管理などのコスト上昇を引き起こしています（**図2-9**）。ここではその要因と対策を見ていきます。

　燃料価格の高騰には、複数の要因が挙げられます。ベースとなるのが、コロナ禍で落ち込んだ世界経済の回復に伴う需要の急増です。一方で、石油輸出機構（OPEC）の各産油国は増産余力が乏しく、それによって生じた需給のアンバランスが燃料価格高騰を引き起こしています。さらに、ロシアのウクライナ侵攻に伴い、欧州各国がロシア産の天然ガスの調達を制限してほかの燃料へシフトしたことで、その余波で原油をはじめとした燃料全般のさらなる値上がりが生じています。また、原油などの燃料は先物取引されるため、時に投機マネーが流入することによる相場の乱高下が発生します。

　日本特有の問題として、昨今の急激な円安が挙げられます。2022年初めには1ドル＝115円程度だったものが、2022年10月中旬には150円にも迫るところまで円安が進みました。同じ1ドルの商品が日本円換算で30％も値上がりすることになり、世界的な燃料価格高騰と円安のダブルパンチとなっているのです。

　続いて、燃料価格の高騰が水産経営に与える影響に焦点を当てましょう。漁業者のコスト構造を見ると、コスト全体に占める燃料費の割合は、家族経営では16.0％、会社経営では13.8％となっており、人件費に続いて大きな割合を占めています（**図2-10**）。そのため、燃料価格高騰は収益性低下に直結します。

　このような状況を受けて、多くの燃料を要する遠方の漁場での漁を断念し、近場での操業に切り替える事例も出ています。特に、サンマやイカでは温暖化に伴う水温変化、海流の蛇行を受けて漁場が港から遠くなってしまっているケースが散見されており、燃料価格の高騰の影響がいっそう深刻となっています。

　燃料価格高騰への対策として、省エネルギー技術の導入、再生可能エネルギーの活用などが進められています。これらの技術は収益性の改善だけでなく環境負荷低減にも資することから、積極的な導入が求められます。技術・その取り組みについては第5章、第11章にて解説します。

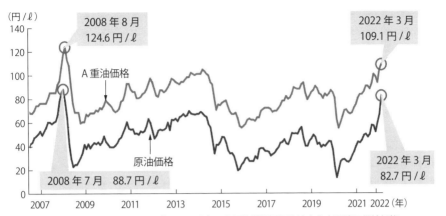

注：A重油価格は、水産庁調べによる毎月1日現在の全国漁業協同組合連合会京浜地区供給価格
出所：水産庁

図2-9　燃油価格の推移

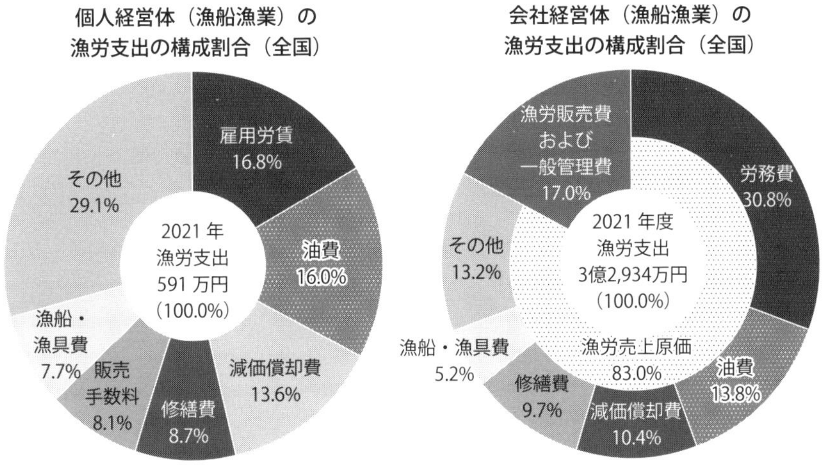

個人経営体（漁船漁業）の
漁労支出の構成割合（全国）

雇用労賃 16.8%
その他 29.1%
油費 16.0%
2021年
漁労支出
591万円
（100.0%）
漁船・漁具費 7.7%
販売手数料 8.1%
修繕費 8.7%
減価償却費 13.6%

会社経営体（漁船漁業）の
漁労支出の構成割合（全国）

漁労販売費および一般管理費 17.0%
労務費 30.8%
その他 13.2%
2021年度
漁労支出
3億2,934万円
（100.0%）
漁労売上原価 83.0%
油費 13.8%
漁船・漁具費 5.2%
修繕費 9.7%
減価償却費 10.4%

出所：水産庁統計

図2-10　漁業者のコスト構造

Point

● 燃料価格の高騰が水産業を直撃。特に円安によるダブルパンチを受けている日本は深刻な状況

● 今後も同様の燃料価格高騰が発生する可能性は高い

● 省エネ技術、再エネ技術の活用など、輸入燃料への依存度を下げる方策が不可欠

11 深刻化する飼料価格の高騰

養殖業の拡大におけるボトルネックに

食料安全保障や地域振興の観点から養殖業の拡大が期待されていますが、飼料価格の高騰という強い向かい風が吹いています。2022年度も主に春と秋のタイミングに多くの飼料が値上げとなっています。**図2-11**の通り、養殖事業者（給餌の伴う海面養殖の場合）のコストの6〜8割を餌代が占めており、飼料価格の高騰は経営を直撃することが見て取れます。

それではなぜ、近年飼料価格が高騰しているのか。その要因について見ていきましょう。

養殖で用いる飼料には、魚粉や穀物類から作られる固形の餌（ドライペレット）、粉末状の配合飼料とイワシ・サバなどを混ぜた半生タイプの餌（モイストペレット）などがあります。さまざまな飼料原料が値上がりしていますが、特に顕著なのが魚粉です。最大の魚粉生産国であるペルーにてカタクチイワシ（アンチョビ）の漁獲量が大幅に減少しており、それに伴い、国際相場は高止まりしています。また、中国などとの魚粉の取り合いも価格高騰の一因です。

中国では、魚粉を養殖用だけでなく畜産用にも大量に使用しています。急速な所得向上と人口増加によって食肉需要は増加しており、それに比例して魚粉輸入量も増えています。結果として国際的に魚粉の需給がタイトになり、国際価格が上昇し、日本もそのあおりを受けている状況にあります。

魚粉の輸入価格は、2000年代中頃には1トン当たり10万円を切る水準でしたが、価格が高騰した2015年には1トン当たり20万円超と2倍以上にまで跳ね上がっています。その後、魚粉価格は多少落ち着いたものの、近年も1トン当たり約15万円と高い水準を維持し、最近は円安の影響で再度上昇の局面に入っています。

魚粉を含む配合飼料の価格についても、2021年秋から2022年春のわずか半年間で3割弱も急上昇したことが耳目を集めました。FAOでは、世界的に需要の強い状況が続き、魚粉価格が上昇すると予測しており、引き続き養殖業者にとっては厳しい事業環境にあります。

　輸入飼料への依存度の高い日本は、飼料用の魚粉価格が高止まりするリスクを念頭に、対策を進める必要があります。政府は短期的な対策として、「漁業経営セーフティーネット構築事業」によって配合飼料価格が一定基準以上に上昇した際に補てん金を交付して、飼料価格高騰による影響の緩和を図るとともに、養殖用配合飼料の低魚粉化、配合飼料原料の多様化を後押ししています。

　ポイントになるのが、①スマート水産技術を活用した給餌量の最適化（余剰な給餌を避ける）②新たな飼料原料の採用の2点です。魚粉の比率を下げる取り組みとしては、ごまや大豆の油かすなどを配合した餌、農業残渣を活用したエコフィード、藻類を活用した餌などの商品化が進んでいます。ユーグレナ（ミドリムシ）をはじめとする藻類はタンパク質の含有率が高く、アミノ酸バランスも良いため、良質な飼料原料と評価されています。現状では、魚粉のすべてを切り替えるのではなく、一部を藻類に置き換える手法が一般的です。

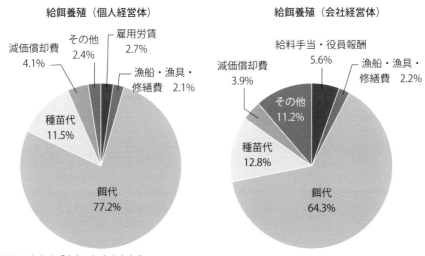

出所：水産庁「令和2年度水産白書」

図2-11　海面養殖業のコスト構造

Point
- 飼料用魚粉の価格が高騰。今後も高単価が続く可能性大
- 植物原料、農業残渣、藻類など、新たな飼料原料の活用が本格化

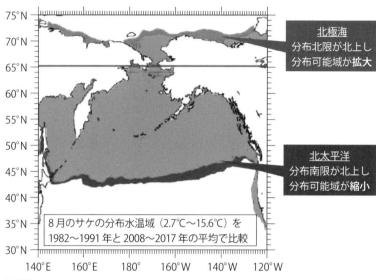

出所：水産庁

北太平洋および北極海におけるサケの分布可能域の変化（第2章 6 項）

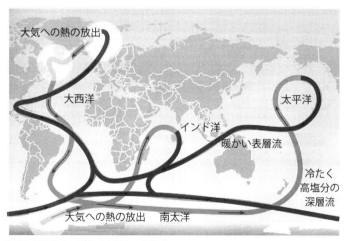

出所：気象庁ウェブサイトをもとに作成

深層循環の模式図（第2章 7 項）

第 3 章

水産物需要の
トレンド

12 水産物消費の動向

魚離れが顕著に

　日本の水産物の消費量は減少傾向にあります。1人1年当たりの水産物（魚介類）消費量は2001年度に40.2kgでしたが、2020年度には23.4kgにまで大きく落ち込んでいます（**図3-1**）。一方で消費が伸びているのが肉類です。1人1年当たりの肉類消費量は増加を続けており、2011年度に初めて肉類消費量が水産物消費を上回りました。「日本食」というと魚のイメージが強いですが、いまや主要なタンパク質源は肉類にシフトしているのです。次に年齢別の水産物の消費傾向を見てみると、一般的なイメージの通り、若い世代ほど消費量が少ないことがわかります（**図3-2**）。

　このような魚離れは、なぜ起きているのでしょうか。一般社団法人大日本水産会魚食普及推進センターの調査によると、魚離れにも関わらず、回答者の9割以上が「魚料理を好き」と答えており、「旬のおいしさがある」「低カロリー」「健康に良い」といったポジティブな印象を有していることがわかります。ただし、家庭での調理においては料理のしやすさ、手間の観点から水産物よりも肉類を選ぶ消費者が多いようです。

　調理の簡便性に対するニーズが年々強まり、ミールキットなどのインターネット宅配が存在感を増している中、水産物を家庭で調理する機会が徐々に減少していることが魚離れにつながっていると言えます。一方で缶詰、練り製品、コンビニエンスストアの調理済み焼き魚（冷蔵品）などは多くの世代で人気となっており、魚自体に対する評価はいまだ高いと言えます。

　水産物の国内消費量はおおまかに「1人当たり消費量×人口」で計算することができます。国立社会保障・人口問題研究所の推計（2017年発表、中位推計値）によると、2065年には総人口は約8,800万人まで大幅に減少し、高齢化率は38.4％にまで上昇するとされています。少子高齢化、簡便化志向などによる1人当たり消費量の減少と人口減少を踏まえると、今後も水産物の消費量は減少傾向が続くと考えられます。

　このように人口動態や消費ニーズの変化を鑑みると、本書のテーマであるIoT

（モノのインターネット）やAI（人工知能）を活用したスマート水産業のビジネス戦略においては、国内マーケットの縮小を前提とした検討が不可欠です。

　一方で、世界的に見ると水産物の消費量は右肩上がりに増加しており、特に中国をはじめとしたアジア地域の増加率が目立っています。日本の水産業を国内マーケットの視点から捉えると厳しい状況ですが、海外輸出を含めると日本のスマート水産ビジネスには大きなチャンスが広がっていると評価できます。

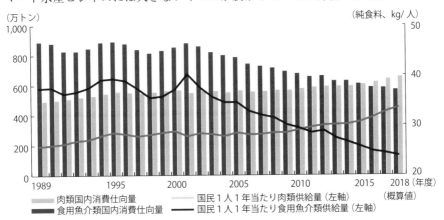

図 3-1　食用魚介類と肉類の国内消費仕向量および 1 人 1 年当たり供給量の変化

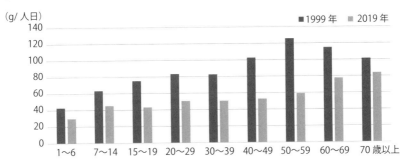

出所：厚生労働省資料、水産庁資料をもとに筆者作成

図 3-2　年齢階層別の魚介類の 1 人 1 日当たり摂取量の変化

oint
- ● 日本食の代表的な食材だが、消費量は減少傾向
- ● 人口減少と高齢化により国内マーケットはさらに減少へ
- ● 海外マーケットを含めたビジネスプランが重要に

人気魚種の変遷

顕著なサーモン＆マグロ人気

　前項の通り、1人当たりの魚介類の購入量は全体として減少傾向にありますが、魚種ごとに見てみると、一様に減少しているわけではないことがわかります。1990年頃はエビやイカが人気でしたが、最近はサケ、マグロ、ブリなどに人気が移っているとわかります（**表3-1**）。また、アジやサンマといった小型の青魚の消費減少も顕著です。この背景には、調理が簡単な切り身で販売される魚種が好まれる一方、下処理が必要な魚種は敬遠されやすい点があります。サンマに関しては近年の不漁により店頭価格が10年前に比べて1.5～2倍にもなっており、"大衆魚"から"高級魚"になってしまったことも一因です（価格は年、産地によって大きな変動あり）。

　近年の人気魚種の中でも、特に注目度が高いのがサーモンです。国産のサケは一般的に生食に向かず焼き魚などとして食されますが、ノルウェーなどから輸入されるアトランティックサーモンは刺身や寿司として生食可能です。なお、サーモンという単語は、本来はサケ（鮭）を指しますが、最近はサケ以外にもマス（英語ではトラウト）なども含めて「サーモン」と呼ばれることが増えています。スーパーマーケットで見かける「サーモントラウト」や「トラウトサーモン」は生物学的にはニジマスと同一です。これらのサーモン、トラウトは脂がのりやすいため、マグロと並んで回転寿司の人気メニューとなっています。余談ですが、伝統的な江戸前寿司は江戸前の海で取れた魚介類を取り扱うため、サーモン握りは出てきません。

　これらの人気魚種は国産品だけでは供給が足りないため、世界中から輸入されています。2021年の水産物輸入額は1兆6,099億円で、サケ・マス類、カツオ・マグロ類、エビなどが上位を占めています（**図3-3**）。地域別、魚種別を見てみると、サケ・マス類はノルウェーやチリから、カツオ・マグロ類は台湾、中国、韓国などの東アジアから、エビはインド、ベトナム、インドネシアなどの東南アジア、南アジアから輸入されていることがわかります。ただしマグロなどの人気魚種では既存の主産地の商品だけでは量が足りず、最近は地中海産（マルタ共和

国など）といった新たな産地の開拓が進んでいます（**図3-4**）。なお、第2章で解説したように人気の魚種については外国との取り合いになっており、必ずしも今後も日本が安定的に輸入できるとは言えない状況になっています。

表3-1　主要水産物の1人当たり年間購入量の比較

単位：g/人・年

魚種	1989年	魚種	2021年
イカ	1656.8	サケ	933.11
エビ	954.6	マグロ	681.23
マグロ	804.4	ブリ	552.90
サンマ	737.4	エビ	496.93
アジ	707.5	イカ	394.20
ブリ	544.6	アジ	264.51
サケ	388.4	サンマ	113.31

イカ、アジ、サンマの
購入量は50%以上激減
（1989年⇒2021年）

出所：総務省「家計調査」をもとに筆者作成

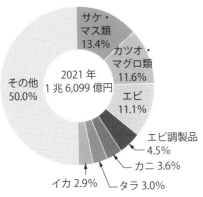

その他 50.0%
サケ・マス類 13.4%
カツオ・マグロ類 11.6%
エビ 11.1%
エビ調製品 4.5%
カニ 3.6%
イカ 2.9%
タラ 3.0%
2021年
1兆6,099億円

出所：財務省「貿易統計」

図3-3　水産物輸入の品目別内訳
（2021年、金額ベース）

出所：筆者撮影

図3-4　マルタ産マグロ

oint

● 刺身・寿司で食べる魚種、切り身で売られている魚種が人気に

● 人気の高い水産物は世界各地の産地から輸入。新たな産地開拓に注力

水産物に対する消費ニーズ

食べやすい、料理しやすい魚種へのシフト

　魚離れの背景には、消費者の水産物に対するニーズの変化、食の志向の変化があります。株式会社日本政策金融公庫の「食の志向調査」によると、消費者の食ニーズでは健康志向、経済性志向、簡便化志向が上位となっています。特に簡便化志向が長期的に増加している点が特徴的です。一方で、手作り志向は緩やかな減少傾向にあります。共働き世帯や単身世帯の割合が増えるに従い、より短時間で、簡単に食事を済ませたいというニーズが高まっているわけです。

　このような中で、調理しやすい肉類の消費が伸び、魚介類の消費が減少する傾向にあります。ただし、農林水産省の調査では肉類より魚介類をよく購入する消費者は、その理由として約3/4の回答者が「健康に配慮したから」と回答しています（図3-5）。このように魚介類は肉類よりも健康に良いイメージが定着しており、この点では近年の健康志向の高まりというトレンドと合致していると言えます。つまり、多くの消費者が「健康のためには魚介類をたくさん食べたいが、調理や食べるのが面倒で敬遠しがち」という状態にあるのです。

　実は、このような簡便化志向は水産物以外でも重要なトレンドになっています。果物では皮をむくのが面倒という消費者ニーズを受け、例えば皮ごと食べられるシャインマスカットが大ヒット商品になりました。また、カットフルーツも安定的な人気商品となっています。

　このような消費トレンドの影響で、水産物ではそのまま食べられる刺身やパック寿司が人気です。また、焼き魚や煮魚のように火を通した水産物が食べたいとの声を受けて、コンビニエンスストアでは、調理済みの魚（焼き鮭、焼きシシャモ、サバの味噌煮など）のラインアップが充実してきました。さらに、家庭での調理がメインの世帯でも、ミールキット（レシピと食材がセットになった商品。宅配・通販での販売がメイン）を活用するケースが徐々に増えているようです。

　水産庁では、これらの「手軽・気軽においしく、水産物を食べること及びそれを可能にする商品や食べ方のことで、今後普及の可能性を有し、水産物の消費拡大に資するもの」を"ファストフィッシュ"と定義しています（図3-6）。代表

例が、あらかじめ小骨を含めた骨を抜き取った"骨なし魚"です。高齢者の誤嚥
防止用から始まりましたが、いまでは食べやすい、調理しやすい便利食材として
マーケットが急拡大しています。国によるファストフィッシュプロジェクト自体
は2021年9月をもって終了しましたが、各社が引き続き独自展開しており、いろ
いろな商品が定番品として定着しています。

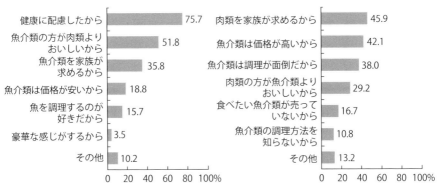

出所：農林水産省「食料・農業及び水産業に関する意識・意向調査（令和元年度）」

図3-5　魚介類をよく購入する理由、あまり購入しない理由

○手軽：料理の際、手間が省け、時間の短縮が想定されるもの

○気軽：お手頃な価格、程良い内容量であること

○その他
　・水産物の消費拡大の可能性を秘めたもの
　・おいしく食べられるもの
　・原材料に特色やこだわりがあるもの　など

出所：水産庁

図3-6　ファストフィッシュの選定基準

oint
●「健康のために魚を食べたいが調理が面倒」という消費者像
● 骨抜き魚などのファストフィッシュがヒット商品に

15 水産物×健康志向

現代の消費者の健康ニーズにぴったり合致

　近年、水産物の栄養素や健康効果への注目度が高まっています。以前より、魚や海藻はヘルシーなイメージがありますが、消費ニーズの変化・高度化を踏まえ、いっそう重要となっています。

　水産物の栄養素の中でベースになるのがタンパク質です。魚肉は9種類の必須アミノ酸をバランス良く含む良質なタンパク質であり、大豆や乳製品のタンパク質よりも消化されやすい点が特徴です。近年は特に高齢者におけるタンパク質摂取の重要性が強調されています。その背景に、高齢者の「フレイル」の防止があります。厚生労働省の定義によると、フレイルとは「要介護状態に至る前段階として位置づけられるが、身体的脆弱性のみならず精神心理的脆弱性や社会的脆弱性などの多面的な問題を抱えやすく、自立障害や死亡を含む健康障害を招きやすいハイリスク状態」のことです。フレイルの要因の1つが痩せすぎや筋力低下とされており、その防止のために良質なタンパク質の摂取を推奨しています。

　高齢者にはあっさりとした食事を好む方も少なくなく、魚肉のタンパク質（フィッシュプロテイン）が貴重な栄養源となっているのです。加えて、水産物のタンパク質には血圧上昇を抑える作用などの機能があるともされており、高齢者以外の消費者からの注目度も徐々に高まっています。

　次に、魚介類に含まれる不飽和脂肪酸について見ていきましょう。魚介類にはオメガ3系多価不飽和脂肪酸であるDHA（ドコサヘキサエン酸）、EPA（エイコサペンタエン酸。IPAとも表記される）が豊富に含まれています。DHAは脳、網膜、神経の発達・機能維持に重要な栄養素で、認知機能の一部である記憶力、注意力、判断力、空間認識力を維持することに効果があるという研究成果が報告されています。またDHA、EPAともに、血圧降下作用や、血中の悪玉コレステロールや中性脂肪を減らす機能があり、動脈硬化による心筋梗塞や脳梗塞、そのほか生活習慣病の予防・改善に効果があるとされています。

　さらに、コンブやワカメをはじめとする海藻類には、ビタミン、ミネラル、食物繊維（アルギン酸、フコイダンなど）が多く含まれています。このうち、食物

繊維は、脂質や糖などの排出作用による生活習慣病の予防・改善効果があります。また、モズクやヒジキ、ワカメ、コンブなどの褐藻類に多く含まれているフコイダンは、抗がん作用、胃潰瘍予防などの効果が報告されており、新たな健康食品として注目度が高まっています。

このような水産物の健康効果をより効果的に消費者に伝えるべく、機能性表示食品制度を活用する事例が出てきました（**表3-2**）。生鮮の水産物では、**表3-3**の通り、カンパチ2件、ブリ1件、イワシ1件、マダイ1件、クジラ2件の計7件が届出され、販売されています。

表3-2　機能性表示食品とトクホの違い

	機能性表示食品	特定保健用食品（トクホ）
手続き、許認可	消費者庁への届出	消費者庁の審査
根拠	最終製品を使ってヒトで試験を行った査読付き論文or機能性関与成分に関する論文	最終製品を使ってヒトで試験を行った査読付き論文
表示	「機能性表示食品」とパッケージに明記	「特定保健用食品」とパッケージに明記。トクホのマーク有り

機能性表示食品の方が費用面、準備時間の面でのハードルが低い

出所：消費者庁、農林水産省資料をもとに筆者作成

表3-3　主な水産物の機能性表示食品

分類	件数	商品
カンパチ	2件	●よかとと　薩摩カンパチどん ●生鮮プレミアム　活〆かんぱち
ブリ	1件	●活〆黒瀬ぶりロイン
イワシ	1件	●大トロいわしフィレ
マダイ	1件	●伊勢黒潮まだい
クジラ	2件	●凍温熟成鯨赤肉 ●鯨本皮

2022年3月末時点
出所：消費者庁資料をもとに筆者作成

Point

● 高齢者のフレイル対策や、ダイエット志向によりフィッシュプロテインに脚光
● DHA、EPAの認知機能に対する効果が広く知られる状況に
● 機能性表示食品の水産物が登場。今後の市場拡大に期待

水産物の消費形態の変化

魚料理は「外で食べる」「買う」が中心に

食生活の形態は、調理と喫食の場所によって「内食（ないしょく、うちしょく）」「中食（なかしょく）」「外食」の3つに大別されます（**表3-4**）。

「内食」は家庭内で調理したものを家庭内で食べる形態で、かつては食生活の基本形でした。「外食」とは外で調理されたものを外で食べる形態で、レストランなどでの食事が該当します。近年は従来型のレストランに加え、牛丼店やハンバーガーショップなどのファストフードが数多く見られます。「中食」は外で調理されたものを購入し、家庭内で食べる形態で、弁当、総菜、宅配ピザなどが代表例です。

単身世帯、共働き世帯の増加により、調理に時間がかかる内食の割合が減少し、代わって**図3-7**の通り中食、外食（両者を合わせた比率を「食の外部化率」と言う）が増加しています。特に弁当、総菜などの中食の躍進が目覚ましく、総務省の統計データによると1989年から2018年までの間に約1.7倍にまで増加していることがわかります。

最近は、特に中食の存在感が高まっています。従来のように店で弁当、総菜を買って帰るパターンに加え、コロナ禍において出前館やUber Eatsなどによる食事の配達（フードデリバリーサービス）が売上規模を急激に拡大しています。

全体的に元気のない外食産業ではありますが、本書のテーマである水産物の需要家という観点で見ると、回転寿司の市場拡大が大きなチャンスとなっています。2011年から2021年の10年間で回転寿司の店舗数は約1,300店から2,200店へと1.7倍になっており、市場規模も1.6倍に拡大しています（**表3-5**）。外食産業における回転寿司の割合の増加は水産物需要の変化にもつながっており、寿司ネタとして人気の高いマグロやサーモンの需要が高まっています。

内食においても、時短や簡便をうたった商品が普及しています。冷凍食品やレトルト食品はもとより、下処理済みの肉・魚・野菜などや調味料をセットにしたものが家庭に届く宅配ミールキットもヒット商品となっています。

食生活における内食比率の低下と、家庭内調理の簡便化、時短志向のトレンド

を踏まえると、かつてのように家庭で魚を捌いて焼いたり、煮たりするというシーンはいっそう減っていくと想定されます。

表3-4　食生活の形態

分類	調理場所	飲食場所	増減トレンド
内食	家庭内	家庭内	↘
中食	外	家庭内	↗
外食	外	外	→

出所：筆者作成

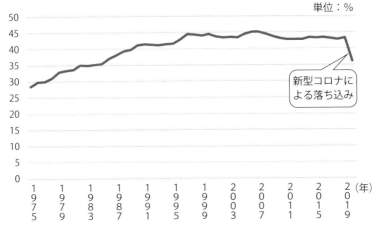

単位：%

新型コロナによる落ち込み

出所：一般社団法人日本フードサービス協会公開資料をもとに筆者作成

図3-7　食の外部化率

表3-5　主な回転寿司チェーンの店舗数の推移

店舗名	2017年	2022年	増減
スシロー	463軒	679軒	147%
はま寿司	473軒	560軒	118%
くら寿司	397軒	514軒	129%
かっぱ寿司	348軒	308軒	89%

出所：各社公開資料をもとに筆者作成

oint

● 家庭での調理が減り、弁当・総菜といった中食が増加

● コロナ禍で中食の１つであるフードデリバリーサービスが躍進

● 回転寿司マーケットの拡大は水産物消費の追い風

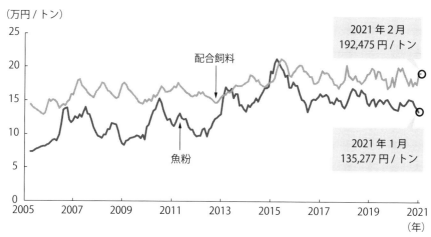

（万円／トン）

2021年2月
192,475円／トン

配合飼料

魚粉

2021年1月
135,277円／トン

出所：水産庁「令和2年度水産白書」

配合飼料および輸入魚粉の価格推移（第2章 11 項）

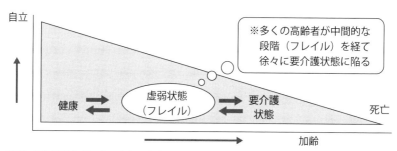

自立

※多くの高齢者が中間的な
段階（フレイル）を経て
徐々に要介護状態に陥る

健康　　虚弱状態
（フレイル）　要介護
状態　　　死亡

加齢

出所：厚生労働省「平成28年版厚生労働白書」

高齢者が直面する "フレイル" とは（第3章 15 項）

第4章

スマート水産業は
ビジネスになる

17 スマート水産業の定義と分類

水産業での活用が加速するIoT、AI、ロボティクス

　農業分野では自動運転トラクター、農業用ドローン、農業ロボットといった、IoT（モノのインターネット）・AI（人工知能）・ロボティクスなどを活用したスマート農業の普及が加速しています。同様に、水産分野でもそれらの先端技術を活用したスマート水産業の研究開発が進められています。

　政府はスマート水産業について「ICT、IoT 等の先端技術の活用により、水産資源の持続的利用と水産業の産業としての持続的成長の両立を実現する次世代の水産業」と定義しています。産業面だけでなく、資源管理面も含んでいる点が、水産業ならではの特徴と言えます。

　それでは、スマート水産業の事例をいくつか見ていきましょう。スマート水産業はスマート農業と同様に①匠の眼 ②匠の頭脳 ③匠の手の3つに大別されます（図4-1）。

　「匠の眼」とは、センシング技術、モニタリング技術です。陸上で栽培される農作物と異なり、水産物は水中に生育するため容易に目視することはできません。そこで、養殖においては水中センサー、カメラを用いて、魚の状況や水質をモニタリングする技術が実用化されています。また、遠洋漁業や沖合漁業では、どこにターゲットとなる魚群があるかを把握しなければ効率的に漁獲することができません。近年は、従来のソナーによる魚群探知だけでなく、人工衛星のリモートセンシングデータの活用も進んでいます。

　「匠の頭脳」はデータ分析やAIなど、漁業従事者のノウハウを補完する機能です。上述のモニタリングデータをベースに養殖の給餌量を最適化するシステム、人工衛星データをAIで分析して漁場予測情報を提供するシステムなどが実装されています。

　「匠の手」は作業の自動化を意味します。漁業従事者が担ってきた作業を、機械やロボットを用いて自動化することで、水産業の喫緊の課題の1つである労働力不足を解消することを狙っています。

　「匠の手」は作業者の安全配慮や作業精度の向上にも効果を発揮するため、導

入シーンが増えています。IoTを用いた自動給餌器では、クラウドを活用して水中環境センサー、自発センサー、カメラなどのデータを集約・分析し、それをもとに遠隔操作で給餌しています。水中環境と摂餌実績を"見える化"して、給餌を最適化していることがポイントです（第6章34項に詳述）。

匠の眼	漁船のセンサーを活用して、水温や塩分、潮流などの漁場環境をモニタリング
	人工衛星リモートセンシングによる魚群探知
	センサーや水中ドローンのカメラを活用した養殖場の見える化（養殖業）
匠の頭脳	人工衛星の海水温などのデータと漁獲データをAIで分析し、漁場形成予測
	センサー情報の解析をベースにした給餌量最適化システム（養殖業）
匠の手	自動釣りロボット導入（カツオ一本釣り、イカ釣りなど）
	ICT技術を活用した自動給餌器（養殖業）

出所：筆者作成

図4-1　スマート水産業の分類と例

oint

● IoT・AI・ロボティクスを活用した水産業のスマート化が進展
● 主眼は「水産業の収益性向上」と「適切な資源管理の実現」の2点
● スマート農業と同じく「匠の眼」「匠の頭脳」「匠の手」の3つに分類可能

18 スマート水産業の動向

スマート水産業はまさに黎明期へ

　注目度が高まるスマート水産業について、ここでは政府の政策に焦点を当てます。水産庁は、スマート水産業の目指す姿として「水産資源の持続的な利用と水産業の成長産業化を両立させ、漁業者の所得向上と年齢のバランスのとれた漁業就業構造を確立」することを掲げています。この目標は**図4-2**の通り、大きく「水産資源の持続的な利用」と「水産業の成長産業化」に分けることができます。

　はじめに「水産資源の持続的な利用」について見てみましょう。政府は資源評価の高度化と適切な管理措置の実施の2点をポイントとして掲げています。一例としてICTを活用し、主要な漁協・産地市場から水揚げ情報を収集して一元的に集約・蓄積し、資源評価・漁業管理などに活用できる仕組みづくりを進めています。この取り組みの一環として、各都道府県でのデジタル化推進協議会の設立や、スーパーコンピューターの活用による資源管理のシミュレーション高速化などが進んでいます。

　続いて、「水産業の成長産業化」の具体策について紹介します。成長産業化のための方策として、漁業・養殖業の生産性向上と流通構造の改革が取り上げられています。スマート水産業による漁業の生産性向上策として、漁場のモニタリングが本格化しています。沖合漁船を対象とした高精度の漁海況情報提供システムや、沿岸漁業者に対する7日先までの漁海況予測や市況情報の提供システムの構築・運用が進んでいます。

　ただし、スマート水産技術は従来と比べてコストが高い傾向にあります。スマート水産業の普及のためにはコスト削減が喫緊の課題となっており、政府による積極的な研究開発の支援によるイノベーションと、都道府県による漁業者への丁寧なサポートが不可欠です（**図4-3**）。

　現状、農業分野と比べてスマート水産業の普及スピードが遅いとの指摘もなされています。農林水産省のリーダーシップによる、スマート水産業の研究開発、普及促進政策のさらなる充実が期待されています。

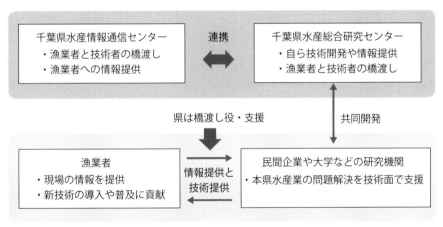

将来像　水産資源の持続的な利用と水産業の成長産業化を両立させ、漁業者の所得向上と年齢のバランスのとれた漁業就業構造を確立

水産資源の持続的な利用　　　　**水産業の成長産業化**

資源評価の高度化	適切な管理措置の実施	漁業・養殖業の

資源評価の高度化
資源評価対象種の拡大
資源評価の精度向上

適切な管理措置の実施
漁獲報告の電子化
IQ 管理への対応

漁業・養殖業の
生産性向上

流通構造の改革

出所：水産庁の資料に筆者加筆

図4-2　スマート水産業の目指す姿、方向性

千葉県水産情報通信センター
・漁業者と技術者の橋渡し
・漁業者への情報提供

連携

千葉県水産総合研究センター
・自ら技術開発や情報提供
・漁業者と技術者の橋渡し

県は橋渡し役・支援　　　　共同開発

漁業者
・現場の情報を提供
・新技術の導入や普及に貢献

情報提供と
技術提供

民間企業や大学などの研究機関
・本県水産業の問題解決を技術面で支援

出所：千葉県

図4-3　千葉県におけるスマート水産業の普及体制

oint

● スマート水産業により「水産資源の持続的な利用」と「水産業の成長産業化」の両立を目指す

● スマート農業と比べて遅れが目立つ。積極的な支援策による巻き返しに期待

おいしさを追求する消費者

スマート水産業から生まれるヒット商品

　おいしさの構成要素には、味（甘み、酸味、旨味など）、香り、テクスチャなどが挙げられます。スマート水産業におけるおいしさ向上の取り組みは①飼育方法の工夫 ②品種改良 ③高級魚の大衆化の3パターンに大別されます（図4-4）。

　1つ目は、餌や飼育環境を工夫することで、食味を向上させる取り組みです。第7章で紹介する資源循環型養殖魚（フルーツ魚）が典型例です。フルーツ魚は柑橘類（かんきつ）などの残渣（ざんさ）を餌に混ぜることで、味・香り・見た目の改善に成功し、ヒット商品となっています。また、水管理システムを活用して、養殖池の水の塩分濃度や温度を変えることで、魚肉内のアミノ酸を増やし、旨味を向上させる技術も開発されています。

　2つ目が品種改良です。第9章で紹介するバイオテクノロジーを用いて、より商品価値の高い品種を生み出す取り組みも進んでいます。ゲノム編集によって生み出された筋肉質なマダイでは、従来のマダイにはない歯ごたえが消費者から注目されています。

　3つ目が、天然ものでは値段が高くなかなか手が届かない高級魚を、スマート水産技術を活用して食卓に届けるパターンです。代表例が高級魚のトラフグです。海面養殖や、最近では陸上養殖でトラフグの養殖が行われており、一般消費者の手の届く価格帯で供給されています。フグのほかにも、国産のキャビア（チョウザメの卵）などもスマート水産技術を活用して生産されています（図4-5）。

　なお、陸上養殖では毒のないトラフグも作り出すことができるとされています。フグは自ら毒素を生成しているのではなく、餌から摂取した毒素を蓄えています。そのため、毒素を含む餌の存在しない人工環境下で養殖したフグの場合は、毒を含まないということです。ただし、そのメカニズムには未解明な部分もあり、現時点では通常のフグと同様の規制対象となっています。

　これらの高品質な魚介類も、消費者の手に届くまでに鮮度が落ちてしまっては意味がありません。最近はコールドチェーン（冷凍・冷蔵状態を保ったままでの

流通）による鮮度保持が進んでいます。味のさらなる向上のための熟成技術なども実用化されています。これらのスマート流通技術については、第8章で詳しく紹介します。

①餌や飼育環境の工夫による食味向上

②バイオテクノロジーによる品種改良

③高級魚種・希少魚種の安定供給・大衆化

出所：筆者作成

図4-4　"おいしさ"を追求するスマート水産業の３つのアプローチ

魚類	ヒラメ	トラフグ	チョウザメ
	ニジマス（トラウトサーモン）	サツキマス	カワハギ
	ウナギ	アトランティックサーモン	ハタ
その他	エビ	アワビ	スッポン

出所：筆者作成

図4-5　陸上養殖で供給される主なブランド魚介類

Point
- スマート水産業は効率化だけでなく、消費者の満足度向上にも貢献
- 食味向上や高級魚・希少品種の安定供給といったアプローチが存在

20 水産業×SDGs

ビジネスでSDGsに貢献する

　水産業のSDGsへの貢献について見ていきましょう。SDGsとは、2015年に国連で採択された、2030年までの持続可能性に関する全世界共通の目標のことで、国内外で広く知られるようになっています。

　政府や自治体がSDGsを推進するのはもちろんのことですが、世界全体の持続可能性を考える時に、無視できないのがビジネスの力です。企業は寄付やボランティアだけではなく、本業を通じて、貧困・食・医療・健康・教育・水・エネルギー・仕事・都市・資源・気候・海洋・森林・平和のように、さまざまな側面から豊かな社会の実現に貢献できる可能性があります。

　SDGsには17の目標が設定されていますが、図4-6のように、企業が本業で貢献する機会の発見を促す内容もあれば、環境や社会に負の影響を与えないというリスク対応に関する内容も含まれます。

　水産業との直接的な関係が濃いのが「目標14：海の豊かさを守ろう」です。そこには、「水産資源を持続可能なレベルまで回復させる」「漁業や水産養殖などによる海洋資源の持続的な利用によって、経済的な便益を得る」「あらゆる種類の海洋汚染を防止する」といった内容が含まれています。乱獲や違法漁業を防いだり、海洋へのプラスチックをはじめとする廃棄物や有害化学物資の流出を防いだりすることが直結します。

　また、食という観点から「目標2：飢餓をゼロに」では、漁業者を含む世界の小規模な食料生産者の所得を増やすような、さまざまな挑戦が可能になる機会の確保について述べられています。「目標2」は農業に関する内容が多くなっていますが、水産業とも無関係ではないのです。

　さらに、"スマート"という観点では、「目標9：産業と技術革新の基盤をつくろう」が該当します。「目標9」では、資源効率が良く、環境に配慮したさまざまな技術・産業プロセスの導入、イノベーションの促進について述べられており、水産業を含むあらゆる産業に対して、環境負荷が小さく付加価値の高いビジネスに向けた技術力の向上を促しています。

　表4-1のように水産業とSDGsの関係性を読み解いていくと、これらのSDGs
の達成には、スマート水産業という切り口が求められてくると言えます。さら
に、SDGsの17の目標は互いにつながりあっています。技術力を向上させるため
には充実した教育（目標4）が欠かせませんし、働きがいがあり、誰でもいきい
きとできる職場を作ること（目標8、5、10）も重要です。

環境改善、健康、教育、雇用、まちづくり　など

チャンス

SDGs
Sustainable
Development
Goals
17の目標

リスク

環境汚染、労働問題、汚職・腐敗　など

出所：筆者作成

図4-6　SDGsとは

表4-1　スマート水産業とSDGsの関係性

SDGs	スマート水産業への期待
14：海の豊かさを守ろう	ビジネス環境の継承：水産資源を将来にわたって豊かに利用できるような環境をつくること（漁獲量の適切な管理、持続可能な漁法、海洋汚染の防止など）
2：飢餓をゼロに	新たな挑戦：小規模な食料生産者が、さまざまな新たな挑戦を行えるようにすること（6次産業化など）
9：産業と技術革新の基盤をつくろう	環境負荷の小さいイノベーション：資源の利用効率が高く、CO_2排出量の少ない技術を導入・拡大すること（スマート水産技術の導入など）

出所：筆者作成

oint
● 水産業の世界でもSDGsが重要なキーワードに
● 目標14だけでなく、関係する項目は多岐にわたる

21 プロテインクライシス への対抗策

「養殖システム＋新たな飼料」の開発にビジネスチャンス

　プロテインクライシス（タンパク質危機）とは、タンパク質の需要と供給のバランスが崩れてしまうことを意味する言葉です。食料安全保障（第11章に詳述）のリスクの1つで、最近注目度が高まっています。

　国連の推計によると、世界の総人口は2030年には約85億人に、2050年には約100億人に達するとされています。また、経済成長により所得水準が向上すると、1人当たりのタンパク質消費量が増加する傾向にあります。これは低所得時には穀物を中心とした食生活だったものが、所得が上昇すると肉類、魚類の消費にシフトすることに起因します（表4-2）。

　世界のタンパク質需要の総和は「世界の総人口×1人当たりのタンパク質消費量」から求められます。現在のトレンドでは、総人口、1人当たり消費量ともに右肩上がりのため、総需要が急激に増える結果となっているのです。

　一方で、肉類や魚類の供給力の向上は容易ではありません。天然の水産物には限りがあります。また、畜産や養殖には多くの飼料が必要となります。家畜、養殖魚の日々の生命活動でエネルギーは消費されるため、投入した飼料のエネルギーと比べて、畜肉や魚肉として回収できるエネルギーは一部にとどまり、エネルギー変換効率が低くなります。過去の歴史を含めて肉食を禁止／制限する文化や宗教が世界各地で見られますが、その一因として「肉食の増加によって食料不足が引き起こされるリスクを防ぐため」との指摘も出されています。

　肉消費の増加により、膨大な面積の飼料用農地が新たに必要になりますが、すでに農業生産に適した土地の多くは農地として使用されており、追加的な供給には森林伐採や湿地埋め立てといった環境破壊が伴います。また、畜産、養殖向けに穀物が振り分けられることで、発展途上国に必要な穀物が行きわたらない事態も発生しているのです。このような需給のトレンドを踏まえ、2050年頃にプロテインクライシスが現実になるとの予測もなされています。

　安定的かつ効率的なタンパク質供給手段として養殖が脚光を浴びていますが、表4-3の通り、天然の魚粉飼料を用いた養殖では問題解決には至りません。今後

のプロテインクライシスを見据えると、①効率的な養殖システムの確立 ②資源循環型飼料、藻類飼料、昆虫飼料など新たな非魚粉飼料の開発の2点に大きなビジネスチャンスがあると言えます。

表4-2　牛肉・豚肉の消費量の予測値

（単位：百万トン）

	牛肉			豚肉		
	2018-20年	2031年	増加率	2018-20年	2031年	増加率
北米	13.7	14.9	8.8%	10.9	11.8	8.3%
中南米	14.3	16.1	12.6%	7.7	8.8	14.3%
オセアニア	0.8	0.9	12.5%	0.7	0.9	28.6%
アジア	19.1	24.2	26.7%	60.4	71.0	17.5%
中東	1.1	1.5	36.4%	0.0	0.0	―
欧州	10.5	10.7	1.9%	25.6	27.8	8.6%
アフリカ	2.4	3.1	29.2%	0.8	1.1	37.5%
世界計	62.0	71.4	15.2%	106.3	121.3	14.1%

出所：農林水産省「2031年における世界の食料需給見通し」をもとに筆者作成

表4-3　水産物のプロテインクライシスへの効果

大分類	中分類	小分類	効果	備考
水産物	天然もの	―	△	・天然資源の枯渇リスク（一部魚種ではすでにリスク顕在化）
	養殖もの	（通常）飼料	△	・養殖により効率的、安定的に供給可能 ・飼料原料の魚粉が価格高騰、需給ひっ迫のリスクあり
		低魚粉飼料	○	・養殖により効率的、安定的に供給可能 ・藻類や農業残渣などの持続的な飼料原料を活用
代替タンパク	―	―	○	・フードテックを活用し、効率的、安定的にタンパク質（植物肉、培養肉、藻類食品、昆虫食など）を供給可能

出所：筆者作成

● 2050年頃にプロテインクライシスが起きるリスクあり

● 効率的な養殖システムと非魚粉飼料の開発の2つをセットにしたソリューションにビジネスチャンスあり

22

拡大する水産物輸出

日本食ブームが輸出の追い風に

　日本国内の農林水産物のマーケット規模は、人口減少および高齢化の影響で残念ながら縮小局面に入ってしまっています。特に水産業は"魚離れ"の影響で、縮小のペースが速いと指摘されています。他方、世界に目を向けると、各地で日本食・和食ブームが起きており、もともと水産物をあまり食べなかったエリアを含め、さまざまな国・地域で水産物消費が伸びています。国内マーケットの縮小が避けられない中、日本の水産業活性化には海外マーケットで稼ぐことが不可欠です。そのための主軸となるのが水産物輸出です。

　それでは、日本の水産物輸出の概要を見てみましょう。わが国の農林水産物・食品の輸出のうち、水産物はその1/4を占める重要な柱となっています。水産物輸出は増加傾向で、2021年の水産物輸出額は前年から3割強増加し、3,015億円となっています（図4-7）。さらに、2022年上半期の最新データを見ると、農林水産物・食品の輸出額は6,525億円で前年同期比13.1％の増加となっており、水産物輸出のさらなる拡大が期待されます。

　さらに、2022年に入り急激に進んでいる円安も水産物輸出に大きく影響します。水産業では円安による輸入飼料や燃料の価格高騰が問題となる一方で、輸出には強力な追い風となります。海外での販売価格（ドルベース）が以前と同じでも、為替レートの関係で円換算では以前よりも増収となります。そのため、水産物の金額ベースの輸出実績を押し上げる効果が期待されます。為替レートの推移に着目すると、2021年末の1ドル＝約110円から、1年弱（2022年10月時点）で40円近くも急速に円安が進んでおり、輸出にとって絶好の機会となっています。

　図4-8に示すように、主な輸出先としては、香港、中国、アメリカ、台湾が挙げられます。貿易統計を紐解くと、この4カ国・地域で水産物輸出額の約2/3を占めていることがわかります。品目別ではアメリカおよび中国への輸出が好調なホタテが輸出額の筆頭で、ブリ、サバ、カツオ、マグロなどが続いています。ホタテやブリについては輸出先国におけるコロナ禍からの外食需要の回復が追い風となり、輸出額を大きく伸ばしていると報告されています。

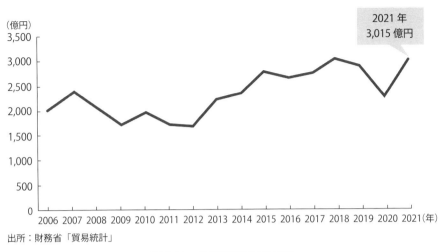

出所：財務省「貿易統計」

図4-7　水産物輸出額の推移

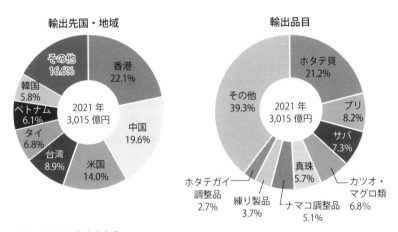

出所：令和3年度水産白書

図4-8　水産物の主な輸出先と品目（2021年）

Point

● 国内の水産物マーケットは縮小傾向。成長著しい海外マーケットへの輸出拡大が不可欠に

● 水産物輸出は海外の需要回復と円安で順調。さらなる伸びに期待。

23

水産物の輸出促進戦略

海外の基準への適合が拡大のカギ

　日本の水産物輸出額は順調に伸びていますが、他方で輸出先はいまだ一部の国・地域に限られています。背景には、輸出における各国の規制や煩雑な手続きがあります。ここでは水産物のさらなる輸出拡大に向けた戦略を解説します。

　農林水産物の輸出額が、2021年に政府目標の1兆円を突破しました。当初の目標年は2020年だったため1年遅れの達成となりましたが、世界的な新型コロナの影響を踏まえると、ほぼ予定通りの達成と評価できます。1兆円目標を達成したことを受けて、農林水産省では新たに「2030年までに農林水産物・食品の輸出額を5兆円」という目標を設定しました。このうち、水産物の輸出額目標は1.2兆円です。2021年の水産物輸出額が約3,015億円であることから、10年弱で4倍にまで増やすという、非常に挑戦的な目標設定と言えます。

　政府は輸出拡大に向け「農林水産物・食品の輸出拡大実行戦略」を策定し、輸出拡大の余地が大きい重点品目として28品目の農林水産物を選定しました。水産物からはブリ、タイ、ホタテ貝、真珠の4品目が選ばれています。

　また、輸出促進の体制にも変化が見られます。以前は各都道府県や農業協同組合（農協）、漁業協同組合（漁協）などが「地域ごと」に農林水産物の輸出計画を策定していましたが、地域バラバラの活動で連携が不足していると指摘されてきました。それを踏まえ、「地域ごと」の活動に加えて、新たに全国レベルでの「品目ごと」の輸出促進団体が設立され、"オールジャパン"での活動が可能となりました。

　政府による輸出における販路開拓支援には、農林水産物・食品輸出プロジェクト（GFP）によるビジネスマッチング、日本食品海外プロモーションセンター（JFOODO）によるPR活動、日本貿易振興機構（JETRO）による輸出総合サポートなどがあります（**表4-4**）。海外では日本食がブームで、日本食レストランは全世界で2006年の約2.4万店から2021年には約15.9万店と15年間で6倍以上に増加しています。日本食ブームを個別の商談につなげるための政府によるサポートが以前よりも充実してきたと評価されています。

　一方で、そのような追い風を十分に捉えているとは言えない状況です。一例として、所得水準も食への関心も高いヨーロッパマーケットへの水産物輸出がいまだ少ない点が挙げられます。背景には、ヨーロッパの食品衛生基準などの法規制への対応の煩雑さがあります。欧州連合（EU）への水産物輸出では水産加工施設などの食品衛生管理基準であるHACCP対応が必要ですが、当該施設の新設／改良には多くのコストを要することから、対応施設のスムーズな増加には至っていません。

　世界各地で新型コロナによる制限の解除に伴い消費活動が回復しており、外食マーケットが勢いを取り戻しています。コロナ禍からの回復と円安という日本の水産物輸出に対する2つの追い風をつかむことが重要です。

表4-4　JFOODOが重点的にプロモーションを実施している品目・国地域

品目	国・地域
日本産水産物（ブリ、タイ、ホタテ）	台湾、香港、米国（ブリのみ）
日本和牛	米国、欧州
日本茶	米国、欧州
日本産米粉	米国
日本産コメ	香港
日本酒	中国、米国、シンガポール、フランス、英国
焼酎・泡盛	米国
日本ワイン	香港

出所：JFOODOウェブサイト

oint
● 農林水産物の輸出推進策は、地域軸に加えて品目軸を新設
● 新型コロナからの回復と円安は水産物輸出の大きなチャンス

農林水産物・食品の輸出拡大実行戦略における重点品目 （第4章 22 項）

大項目	主な品目
穀物	コメ・パックごはん・米粉および米粉製品
畜産物	牛肉、豚肉、鶏肉、鶏卵、牛乳・乳製品
野菜・果物	りんご、ぶどう、もも、柑橘、かき（加工品含む）、いちご、かんしょ
その他農産物	切り花、茶、
水産物	ブリ、タイ、ホタテ貝、真珠
木材	製材、合板
加工食品	清涼飲料水、菓子、ソース混合調味料、味噌・醤油
酒類	清酒（日本酒）、ウイスキー、本格焼酎・泡盛

出所：農林水産省資料をもとに筆者作成

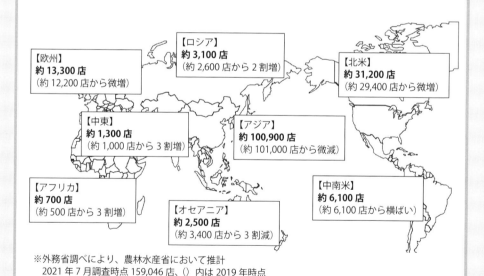

【欧州】
約 13,300 店
（約 12,200 店から微増）

【ロシア】
約 3,100 店
（約 2,600 店から 2 割増）

【北米】
約 31,200 店
（約 29,400 店から微増）

【中東】
約 1,300 店
（約 1,000 店から 3 割増）

【アジア】
約 100,900 店
（約 101,000 店から微減）

【アフリカ】
約 700 店
（約 500 店から 3 割増）

【オセアニア】
約 2,500 店
（約 3,400 店から 3 割減）

【中南米】
約 6,100 店
（約 6,100 店から横ばい）

※外務省調べにより、農林水産省において推計
2021 年 7 月調査時点 159,046 店、（）内は 2019 年時点

出所：農林水産省資料

海外における日本食レストランの数 （2021年）（第4章 23 項）

第5章

スマート水産業
×海面漁業

24 人工衛星 リモートセンシング

宇宙から海の状況を的確に把握

　スマート農業の「匠の眼」として広く活用されているのが、人工衛星によるリモートセンシングです。2017年12月に打ち上げられた気候変動観測衛星「しきさい」は、地球からの幅広い波長の光を、近紫外・可視域から熱赤外域まで19の領域に分けて観測することで、陸域、海洋、大気などの対象を観測することが可能です。しきさいは地球のほぼ全体を2日に1回のペースで観測することができます。また従来の解像度よりも高解像度で、詳細なデータが取得できる点も特徴です（図5-1）。

　しきさいは水中や水面で反射した太陽光（海色）を幅広い波長域で捉えることで、海面水温や植物プランクトンの量を広域かつ高頻度に観測しており、海洋情報のセンシングの主軸と言える存在です。従来の低解像度なセンシングデータではうまく把握できなかった沿岸域（陸地と海が混在している）においても、250mという高い空間分解能（近くの2つの物体を別々に認識できる最小の距離）によって的確に把握することが可能です。

　しきさいのセンシングデータを分析することで、例えば海面水温、水の色や濁り度、植物プランクトンの量（赤潮の発生リスクと関連）などを高精度に推計することができ、それらの情報はウェブサイトで公開されています。

　人工衛星のリモートセンシングデータは、漁業のリスク管理にも使われています。代表例が災害対応です。2021年に小笠原諸島の海底火山（福徳岡ノ場）の噴火により大量の軽石が発生し、広い海域を漂流するという事態が発生しました。軽石が漂流・漂着することで漁船を含む船舶の航行に支障が生じてしまいました。そのような事態に対して、宇宙航空研究開発機構（JAXA）はしきさいのリモートセンシングデータをもとにした軽石判読画像を公開しました。漁業者はそれらの情報をもとに、漁船の航行ルートや漁場の選定、リスクの判断を行うことができました。

　さらに、しきさいを用いた軽石判読結果と、海洋研究開発機構（JAMSTEC）の海洋予測モデルを組み合わせ、軽石がこれからどのように流れていくかを予測

する取り組みも行われました。海流シミュレーションのみでは軽石の長期間の漂流予測は難しいとされてきましたが、しきさいによって把握した実際の軽石分布を組み合わせてシミュレーションを行うことで、予測精度を飛躍的に高めることに成功しています。実際に、伊豆諸島の一部ではこのシミュレーションの結果を踏まえて事前にオイルフェンスを設置し、軽石の港への侵入を防ぐことに成功しています。

	形状	色	温度	その他
空域（大気）	層状雲、対流雲、積乱雲 など	雲、台風、火山灰 など	降雨強度、雲頂の高さ、雲頂温度、大気温度 など	地殻変動、黄砂、火山噴煙、大規模な山火事 など
陸域	地表標高、地形変化、住宅、自動車 など	雪面・海面・地面、土壌の肥沃度、都市部コンクリート、砂地、広葉樹林、牧草地、積雪 など	土壌の水分量、雪・舗装面の表面温度 など	土地の浸水状況、地質 など
海域（海上）	海面高度、波高、波浪、海流変動、船舶 など	海、浅水域での水深、濁度、透明度、海藻、海草 など	海面水温、海面塩分 など	海面変位、海氷、海上風（向き・速度）など

※破線は筆者加筆
出所：内閣府資料

図5-1　人工衛星リモートセンシングで取得可能なデータ（例）

oint

- 「しきさい」など人工衛星のリモートセンシングデータの水産分野での活用が本格化
- 海洋情報や災害の状況を効率的に把握
- リモートセンシングデータとシミュレーションモデルの組み合わせが大きな効果を発揮

赤潮モニタリング

養殖業のリスク低減策の基礎

　赤潮とは、海水中の栄養分が通常より増えすぎた時にプランクトン（カーレニア、シャットネラ、コクロディニウムなどが代表例）が異常発生することで水の色が褐色などに変化する現象を意味します。赤潮が発生すると、プランクトンの呼吸量が大幅に増加するため、海水中の酸素の欠乏を引き起こし、時に魚などの大量死を引き起こしてしまいます（図5-2）。また、赤潮プランクトンの中には毒を持つ種類もあります。赤潮プランクトンには全部で40種類以上が存在しますが、そのうち漁業被害を引き起こすのは約10種です。養殖の場合、魚や貝などは自由に移動することができないため、赤潮の被害は自然の海域よりもいっそう深刻になります。

　赤潮によるリスクを最小化するためには、赤潮を早期検知して正確な発生分布を把握し、被害を未然に防止することが求められます。その際にポイントとなるのが、①的確にリスクを検知すること ②いち早く養殖事業者に伝えることの2点です。具体的な技術について紹介していきましょう。

　まず、リモートセンシング画像の解析によるリスク検知手法です。JAXAの気候変動観測衛星「しきさい」は、250mという高い空間解像度を誇っています。この性能を活かし、JAXAと一般社団法人漁業情報サービスセンター（JAFIC）は有明海の赤潮モニタリングを行っています。新たに開発された「赤潮モニタ」では、しきさいと静止気象衛星「ひまわり8号」の2つの人工衛星の観測データを活用し、有明海湾内の赤潮の広がりを推定しています。JAFICの運営するウェブサイトでシミュレーション結果を一般公開しており、漁業者、漁業団体、地元自治体が活用しています。

　また鳥取県では、湖沼で発生する赤潮を対象としたモニタリングシステムを構築しました。湖沼の写真画像から水質異常の展開をシミュレーションし、対策が必要なエリアの絞り込みを行うことができます。赤潮のモニタリング監視の効率化と情報収集の迅速化を実現しています。

　実際に海水を採水して分析するリスク検知手法も、研究開発が進んでいます。

この仕組みでは、まず撮影用ドローンで養殖場全体の海水の着色具合を検知し、赤潮発生のリスクがある箇所を特定します。このプロセスは前述の手法と同様です。次に、海水サンプリング画像収集ロボットシステムを活用し、ドローンで海水を採取します。そして、採取した海水について有害赤潮リアルタイム判別システムのAI（ディープラーニング）による分析を行うことで、より詳細に赤潮の状況やリスクを把握することができます。リスク検知時には養殖事業者や漁業関係者のスマートフォンなどにリアルタイムに通知されるようになっており、速やかな対策が可能です。

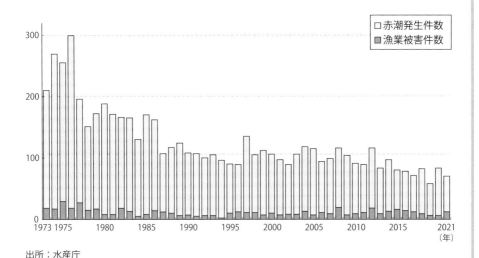

出所：水産庁

図5-2　瀬戸内海の赤潮発生件数と漁業被害件数の推移

oint

● 養殖の大きなリスクである赤潮に関して、人工衛星なども活用したモニタリングシステムの実用化が進む

● センシング画像を解析するモデルと水質分析によるモデルが存在

26 漁業支援アプリ

作業記録やノウハウを効率的に蓄積

　スマート水産業の「匠の頭脳」の代表格が、漁業支援アプリです。漁業者の作業履歴、航跡、漁場位置、水揚げや出荷の記録などをスマートフォンやタブレット端末によって入力し、保存・蓄積することができます。また一部のアプリでは、外部の気象情報、海況情報、市況情報などと連携して、より広範囲なデータを把握することができるようになっています。

　はじめに、地方自治体が提供するアプリを紹介しましょう。宮崎県では、スマートフォン向けの漁業支援アプリ「宮崎県漁業技術伝承支援システム」を提供しています（**図5-3**）。漁業者は、このアプリを用いて日々の魚種、漁獲量、漁獲日時などの漁獲情報、漁場や航跡などの位置情報などを記録することによって、正確な記録が得られるだけでなく、漁業者の経験・ノウハウを見える化することができます。それらのデータは本人がPDCA（計画⇒実行⇒評価⇒改善）のために活用するだけでなく、新規漁業就業者への技術指導にも有効です。

　さらに、宮崎県が設置した海洋レーダーの観測データ（潮流、波高など）や魚礁位置などの操業支援情報を閲覧することも可能です。このアプリは宮崎県内の漁業者に対象を絞ったものであり、地域密着型での情報提供がなされている点が特徴です。

　京都府においても、漁業支援アプリの研究開発が進められています。県では、漁業者や漁業協同組合（漁協）と操業情報などを迅速に共有することを目的として、「リアルタイム操業日誌アプリ」の開発を進めています（**図5-4**）。漁業者はスマートフォンでこのアプリを使用することができます。定置網に入網したクロマグロの漁獲・放流情報の共有から試験運用が始まっています。

　民間事業者からも漁業支援アプリが提供されています。日本事務器株式会社が2022年8月から提供しているシステムでは、漁業者視点で"勘"と"経験"に培われた"知恵"を記録し、長期的に漁業活動を把握することを目的に掲げています。ポイントは、漁業者が日々の作業や体験を簡単に、かつ楽しく入力することを通して、本人の経験やノウハウを見える化できるという点です。例えば、海の

変化、作業の工夫、新しいアイデアなどをテキストや画像として保存することができ、漁業者としては「いつの間にか情報が集まっていた」という感覚で実施できます。これらのデータは宮崎県や京都府の公的アプリと同じように、本人の振り返りや改善に役立つだけでなく、後継者や地域内での技術継承にも貢献します。

アプリのトップ画面

操業支援情報

出所：宮崎県ウェブサイト

図5-3　宮崎県の提供する「宮崎県漁業技術伝承支援システム」

出所：京都府ウェブサイト

図5-4　京都府が開発を進める「リアルタイム操業日誌アプリ」

Ｐoint

● 作業記録をスマートフォンなどで簡単に記録・管理できるアプリが実用化
● 漁業者間のノウハウ共有に貢献

27 漁場予測システム

IoTやAIを駆使して漁場を予測

　前項で紹介した漁場情報の配信内容には、現在・過去の実績値に加え、将来の予測情報も含まれています。ここではそれらの予測の仕組みについて、具体例をもとに解説します。

　まずは山口県の取り組みを紹介します。山口県では、地域漁業の重要漁種である日本海域のマアジやケンサキイカの漁場予測システムを提供しています。同県の漁業では、気候変動の影響による海水温の上昇、水温分布の変化によって、アジやイカの動きが変化してしまい、漁場形成が不規則になり、漁獲量が大幅に減少していることが課題となっています。そのような課題の解決に向けて、同県では一般社団法人漁業情報サービスセンター（JAFIC）と共同研究を実施し、アジ、イカを対象とした予測システムを2017年から提供しています。対象海域の海水温データや漁獲記録を解析して、形成される漁場を予測するシミュレーションモデルで、**図5-5**のような予測結果をウェブサイトで公開しています。このシステムを活用することで、漁業者の操業効率化やコスト削減が進むと評価されています。

　九州北部では、九州大学を中心としたグループが漁場予測の研究を進めています。特徴の1つが、漁業者参加型であることです。漁業者の漁獲した海域の情報（水温、塩分など）を、リアルタイムに取得することができる小型計測機器を開発しています。同グループではこのセンサーによる漁業者の観測データをもとにボトムアップで海域観測網を整備し、高精度なシミュレーションモデルを構築しています。

　また、それらの情報から漁場形成のカギとなる潮目や水温分布の情報を、漁業者へ高頻度に提供するとともに、近い将来どこに漁場が形成されるのかを上記モデルによって予測し、予測情報をアプリを通して配信しています。このようなシステムを活用することで漁場が見える化され、漁場に直行できるようになり、船の燃料消費の抑制や労働時間の短縮が実現します。さらに、経験が乏しい若手漁業者であっても効率的な漁業が可能になると期待されています。

　民間企業からも漁場予測システムが提供されています。例えば、株式会社環境
シミュレーション研究所のサービスでは、水温や海面高といったデータをもとに
した海況予測と、過去の漁獲データを組み合わせ、魚種別・海域別の漁場予測を
行っています。良い漁場を事前に把握できることに加え、数日後までの海況予測
を踏まえた最適な出漁タイミングを決定できる点が強みです。

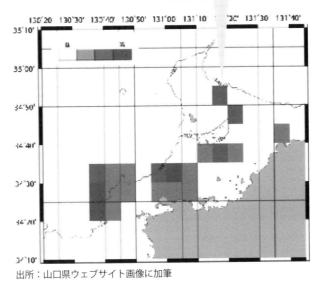

出所：山口県ウェブサイト画像に加筆

図5-5　ケンサキイカの漁場予測図

Ｐoint

● 海水温や漁獲記録などのデータをもとにシミュレーションを行う漁場予測シス
　テムが実用化
● 漁業者参加型で効果的かつ安価にデータを収集する事例も登場

漁場情報、海況情報配信サービス

漁場や海況を事前に把握

　沖合漁業や遠洋漁業においては、良い漁場を早く見つけ出すことが重要です。特に近年は燃料代が高騰して漁業経営を圧迫しており、いかに効率良く漁場にたどり着くかが求められています。漁場の空振りがあった場合、単に収入が得られないだけでなく、燃料代や人件費といったコストだけが発生してしまいます。

　的確に漁場を把握するため、漁場情報配信サービスを活用するケースが増えています。漁業者はスマートフォン、タブレット端末、パソコンなどのアプリを通して、漁場を効率的に見つけられます。漁場情報に関しては、沿岸漁業・沖合漁業向けサービス、遠洋漁業向けサービスなど、漁業者の属性に合わせてさまざまなサービスが提供されており、自らに適したサービスを選択できます（図5-6）。

　株式会社オーシャンアイズの提供する「漁場ナビ」では、数kmメッシュの狭い範囲のデータを提供しており、漁場の状況を的確に把握できます。漁場を決める重要な要素である海水温や流速について、4日先までの状況を予測することが可能とされています。

　続いて、宮崎県の取り組みを紹介しましょう。宮崎県では高度漁海況情報サービスシステムを構築し、日向灘沖に設置している複数の浮魚礁に備え付けられたセンサーから得られた水温、流速などのデータを、浮魚礁の位置情報と合わせてウェブサイトに公開しています。またそれらのデータは、県の水産試験場で海況情報の基礎データとして利用されています（表5-1）。

　このようにさまざまな漁場・海況情報配信サービスが登場する中、水産庁では技術開発・普及の目標を設定しています。沖合漁業・遠洋漁業に関しては、2023年度までに「漁船1000隻以上が、短期漁場予測を含む衛星情報等による漁海況情報を活用できる」状況を目標に掲げています。人工衛星「しずく」は曇天下の観測も可能な点が強みですが、陸地から100km以遠の観測しかできず、沖合漁業の多くで、漁海況情報を利用できないという弱点がありました。そこで、陸地から20km以遠を観測可能な新型機を活用した、沖合漁船向けの高精度の漁海況情報提供システムを新たに開発しています。

　続いて、沿岸漁業向けを見てみましょう。沿岸漁業については、「7日先まで
の漁海況予測情報の提供により経験が少ない漁業者でも漁場到達できるスマート
化を10県以上で実施」することを掲げています。沿岸域の漁海況は地形の影響
で局所的な変動が大きく、予測が難しいと言われてきました。そこで農林水産省
では、漁船による海洋観測網を構築し、7日先までの水温や海流の予測情報をス
マートフォンで動画表示できるアプリを提供しています。これにより経験が少な
い漁業者でも効率的に漁場へ到達することが可能となります。また、漁場情報と
市況情報とを総合的に把握することで、どこでどの魚を取るかを合理的に判断で
きるようになります。

■ 海 況

黒　　潮：A型基調で推移し、主に伊豆諸島海域の西側を北上する。
　　　（説明）2017年8月に大蛇行になり、4年が経過しましたが、大蛇行は継続する見通しです。

沿岸水温：相模湾は「平年並」～「高め」で推移し、暖水
　　　　　波及時には「極めて高め」となることがある。
　　　　　伊豆諸島海域は、概ね「高め」～「極めて高
　　　　　め」で推移する。

（語句説明）平　年　並：平年値±0.5℃程度
　　　　　　高　　　め：平年値＋1.5℃程度
　　　　　　極めて高め：平年値＋2.0℃程度

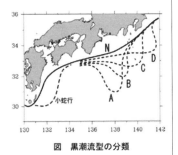

図　黒潮流型の分類

出所：神奈川県ウェブサイト

図5-6　海況情報の例（神奈川県水産技術センター漁海況情報）

表5-1　漁況・海況の定義

項目	概要
漁況	魚種、魚の大きさ、漁獲量、魚群状態　など
海況	水温、塩分濃度、潮目、海流　など

出所：水産庁資料、国立研究開発法人水産研究・教育機構資料をもとに筆者作成

Ⓟoint
● 漁場や海況を提供するサービスが登場。予測情報を含むものも存在
● 水産庁では海況情報提供サービスの普及目標を掲げ、研究開発や実証事業を展開

29 AIを活用した スマート水産技術

"匠の技"をAIで再現

スマート水産業におけるAI（人工知能）の活用事例が急速に増加しています。AIによって熟練者の技を再現しようという取り組みです。

例として、AIによる定置網の水揚げデータの予測を取り上げましょう。主要な漁法の1つである定置網では、日によってどれだけ漁獲できるか差があり、時に空振りに終わることもあります。船を出したのに定置網に魚がほとんど入っていない状態だと、燃料費が高騰する中、燃料が無駄になります。また、水揚げに備えている流通事業者も待ち損となります。

このような機会損失やリスクを抑えるため、AIを活用した水揚げデータのシミュレーションが行われています。漁の際の天気、過去の漁獲量などのデータをAIで分析することで、向こう数日から1週間（予測日数はサービス、アプリによって異なる）の漁獲量を予測できます。これにより、水揚げから出荷までの作業に必要な人員や設備を適切に確保できるとともに、ダイレクト流通を手掛けている場合には早い段階から営業を行うことができます。この点は、スマート農業における収穫予測システム（農作物の収穫日・量を予測）と同じ位置付けと言えます。

AIは水産資源の適正管理にも役立ちます。はこだて未来大学では、AIを活用してナマコの乱獲防止に貢献しています。同大学では、地元漁師にタブレット端末を配布してナマコの捕獲場所、捕獲量などを入力してもらい、そのデータを収集し、AIで分析することで、乱獲や密猟を防いでいます。この取り組みによって漁獲量を適切にコントロールすることで、生態系の保全と持続的な漁業の両立につながっています。

さらに、AIは水揚げ後の目利きでも活躍しています。魚介類は外見だけではおいしさがわかりにくいため、いろいろなポイントから味の良し悪しを判断する目利きが重要な仕事となります。

ここでは人気の魚種であるマグロの輸出での活用事例を紹介します。世界的な日本食ブームを受けてマグロの需要が各地で高まっていますが、国・地域によって消費者の好み、嗜好が異なります。従来は熟練の仲買人が輸出先のニーズに適

したマグロを選定していましたが、仲買人の高齢化や後継者不足、そして海外からの需要増加を受けて、そのような役割を果たせる人が不足しています。

　そこで、匠の目利き技術をAIに学習させて、AIが目利きをする「TUNA SCOPE」というシステムが開発されました。開発においては、5,000匹以上のマグロの画像を学習させ、職人の判断と突き合わせるという作業がなされたと言います。ユーザーは、スマートフォンでマグロの尻尾の切り口を撮影し、その画像をもとにしたAIによる迅速な目利きを踏まえて商品を仕分けします。それらの商品と輸出先の消費者の好みとマッチングして出荷することで、現地消費者からの評価を高めることに成功しています。

　なお、水産庁ではAIでの活用を含む水産データの取り扱いについて、2022年に「水産分野におけるデータ利活用ガイドライン」を公表しました。データの取り扱いルールが設けられたことで、AIの学習用のデータをこれまでよりも広く集めやすくなると期待されています（**図5-7**）。

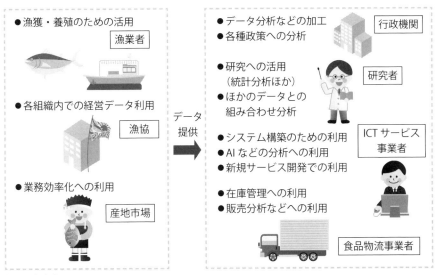

出所：水産庁

図5-7　水産分野におけるデータ利活用ガイドラインで示されたデータ利用方法の例

oint

● AIの得意分野は、画像解析やシミュレーションなど
● 高度な判断には、現時点では不向き。今後の機能向上に期待

30

ビッグデータ活用

漁船ごとのデータを集約して活用

　スマート水産業におけるビッグデータの活用例としては、漁獲量予測、漁場予測、養殖業における飼育環境最適化などが挙げられます。

　総務省のIoTサービス創出支援事業として、宮城県東松島市でスマート漁業モデル推進コンソーシアムによって実施された実証事業では、定置網漁において海洋ビッグデータを活用する試みが行われました。

　この事業では、IoT（モノのインターネット）を活用したスマートブイを用いて、気温、気圧、水温、水圧、潮流、塩分濃度などのデータを収集しています。あわせて、水中カメラを搭載したスマートカメラブイにより画像データを効率的に取得できます。これらのビッグデータをもとに漁獲モデルを構築することで、データにもとづいた安定的かつ効率的な漁業が可能となります。

　国立研究開発法人水産研究・教育機構（水研機構）では、マグロ漁やカツオ漁を対象に、漁船上で取得される海洋環境や漁獲物に関するデータを集約してビッグデータ化する研究を進めています。研究では、漁船上に設置されたベルトコンベアに漁獲した魚を流し、画像の撮影を行っています。その画像を分析することで、個体数・魚種・サイズなどの情報を正確に把握することができます。

　このように多くの漁船からのデータを集約することで、効率的に広範囲なビッグデータを構築することが可能です（**図5-8**）。なお、ビッグデータを構築するためのデータ連携の仕組みについては次項で詳しく解説します。

　養殖における給餌や投薬、温度管理などの最適化のためにビッグデータ分析を活用する事例も出ています（**図5-9**）。先進的な養殖では、各種センサーを使って、水温、pH、溶存酸素量、アンモニア濃度などの水質情報、気温、日射量、風速（屋外養殖の場合）などの環境情報などをリアルタイムに取得しています。加えて、給餌量や給水量などのデータも養殖支援システムで管理しています。これらのビッグデータと、養殖業の成長速度や病気発生率などを結び付けて分析することで、最適な飼育環境をバーチャル上で導き出すことが可能となります。

　ベテラン従業員が減少する中、属人的な勘と経験に基づく管理から、デジタル

での管理への移行が進んでいます。新たな魚種の導入や飼料の変更といったチャレンジも行いやすくなり、継続的な品質向上のベースとなります。

漁船
センサー
漁船
センサー
漁船
センサー
センサー情報
（水温、潮流など）＆漁獲情報
データベース
ビッグデータを蓄積
ビッグデータ
分析
・海況予測
・漁場予測
・漁獲量予測
・資源量予測
など
漁業者へフィードバック

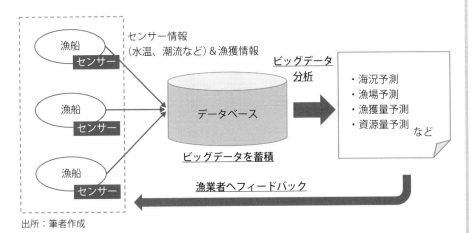

出所：筆者作成

図5-8　各漁船のデータを集約したビッグデータ活用モデル

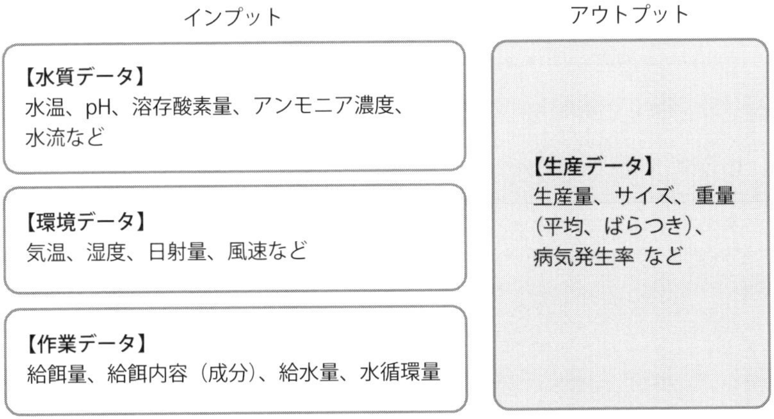

インプット
【水質データ】
水温、pH、溶存酸素量、アンモニア濃度、
水流など
【環境データ】
気温、湿度、日射量、風速など
【作業データ】
給餌量、給餌内容（成分）、給水量、水循環量
アウトプット
【生産データ】
生産量、サイズ、重量
（平均、ばらつき）、
病気発生率 など

出所：筆者作成

図5-9　養殖事業におけるビッグデータ活用の例

Point

- 漁船ごとのデータを集約化することで、ビッグデータを効率的に蓄積可能
- ビッグデータ分析により、漁獲計画や養殖の環境制御を最適化

31

スマート水産業の
データ連携基盤

データ共有が生み出す新たな価値

　スマート水産業を支える重要な要素の1つがデータ活用です。水産業ではさまざまなデータが取得されていますが、これまでそれらのデータの多くは漁業者本人だけしか使用していませんでした。そのため、各データはバラバラの状態で、他者とのデータの共同利用やビッグデータとしての活用はできていませんでした。

　同じような課題を抱えていた農業分野では、先行して農業データ連携基盤（通称：WAGRI）が構築され、本格運用が始まっています。WAGRIは内閣府SIP（戦略的イノベーション創造プログラム）の一環で構築されたもので、国立研究開発法人農業・食品産業技術総合研究機構（農研機構）が運用しています。WAGRIでは、国、都道府県、企業、大学などの研究成果がデータベースやアプリとして公開され、農業生産者が使えるようになっています。

　このような動きを受けて、水産分野でもデータ連携基盤の活用が進められています。2020年度「スマート水産業推進事業のうちスマート水産業推進基盤構築事業」において、「水産資源の評価・管理」や「データに基づく漁業・養殖業、新規ビジネスの創出の支援」を目指し、「水産業データ連携基盤」の稼働を開始しています。この基盤が整備されることで、漁業者などの生産現場、大学や試験研究機関などが収集する各種データを相互に利用可能になります（**図5-10**）。

　この基盤にて提供されているデータやアプリはまだ限定的ですが、水産庁、自治体、試験研究機関、大学のデータベースとの連携やアプリの実装、そしてほかのプラットフォームと連携を進めることで、対象とするデータやアプリの充実を図ることが掲げられています。

　このようなデータ連携基盤ができることによって、前述した各漁船のデータを集約してビッグデータを作る、といった取り組みが容易となります。各漁船に備え付けられたセンサーや漁業者が使用するスマート水産アプリのデータを、データ連携基盤に集約するという手法が想定されます。これは、天気予報アプリで各ユーザーが自身のスマートフォンから現地の天気や降水の有無といった情報をアップするのと似た仕組みと言えます。なお、乗用車においてもコネクテッド

カーという車両間でのデータ共有のコンセプトはありますが、プライバシーの問題やメーカー間の調整の難しさが実現のハードルとなっています。

　想定される活用モデルとしては、漁船の水温計や潮流計のデータを集約して広範なデータベースとし、従来よりも高精度な海況情報を作る、漁船の魚群探知機のエコーデータを集めてビッグデータ化し、それを分析することで対象魚種の漁場予測、資源量把握、適正管理を行う、といったことが挙げられます。

　なお、水産庁では漁業者、漁業協同組合、産地市場関係者といったデータ提供者と、流通事業者や実需者といったデータ提供を受ける者が、円滑にデータを取り扱い、利用関係が構築できるよう、2022年に「水産分野におけるデータ利活用ガイドライン」を策定、公表しています。ルールが整備されたことで、漁業者が安心感を持ってデータを利活用できるようになると期待されています。

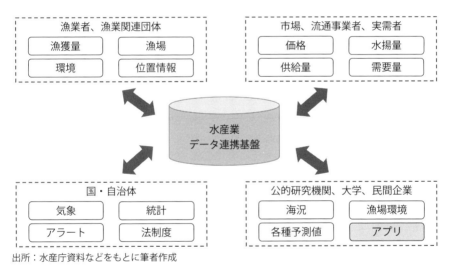

出所：水産庁資料などをもとに筆者作成

図5-10　水産業データ連携基盤の概要

Point

● 農業分野に続き、水産分野でもデータ連携基盤の運用が開始
● 安全性に関わるデータが多いこともあり、漁業者によるボトムアップでのビッグデータ構築の観点では、スマート化で農業分野よりも順調に進む可能性あり

32

漁獲の
オートメーション化①

省力化と効率化を支える釣りロボット

　人手不足が深刻化する中、ロボティクスなどを活用した漁獲作業のオートメーション化が進んでいます（**表5-2**）。

　漁業ロボットの代表例の1つが、株式会社東和電機製作所の自動イカ釣りロボットです。イカ釣りでは、疑似餌を本物の小魚に見せる"シャクリ"という技術が基本となっています。自動イカ釣りロボットでは、漁師による一本釣りの技であるシャクリをコンピュータ制御で再現することで、オートメーション化に成功しました。その技術は国内外から高く評価され、同社の発表によると、これまでアジア、オセアニア地域を中心に世界30カ国以上に輸出し、世界シェアの約7割を占めているとのことです。

　このロボットには、負荷検知機能や漁探連動機能も備えられており、漁業者は操船室内から自動イカ釣りロボットのすべてを操作できるため、効率性が飛躍的に高まるとともに、転落事故やケガなどのリスクも低減することができることがポイントです。

　水研機構の研究では、さらに多くの作業を任せることができる釣りロボットの開発が進められています。ここではカツオ漁におけるオートメーション化について紹介しましょう。一般的な漁業者の人手によるカツオの一本釣り漁は、魚群に近付き撒き餌をして散水ポンプでシャワーを降らせ、カツオが興奮状態となったところで、擬餌針をつけた竿で釣り上げるというプロセスになっています。このうち、カツオ一本釣りロボットでは、以下のタスクを自動的に実施することができます。

　①竿を回転させて擬餌針を投入する
　②擬餌針を細かく動かしてカツオを誘い出す
　③カツオが針にかかったことを検知する
　④船上まで釣り上げる
　⑤竿を急停止して針を外す（速度差により）
　⑥針が外れたことを検知する

　これらの機能により、カツオ一本釣りロボットは自動でカツオを釣り上げることが可能になりました。研究開発によって能力は向上してきており、水研機構の報告では通常の漁業者が釣り上げる量の約6割を釣り上げることができる水準にまで到達しているとのことです。

　このように徐々に実用化が進んでいるスマート水産ロボットですが、同じ第1次産業である農業よりも進展が遅れている状況です。農業では自動運転トラクター（ロボットトラクター）、小型農業ロボット（運搬ロボ、除草ロボ、収穫ロボなど）、農作業用ドローンなどが市販化されており、多様な作物のさまざまな作業の自動化が進んでいます。スマート農業では、もともと農業との接点の少なかった大学や民間企業がロボティクスの研究に参画することで、技術革新が加速しました。スマート水産業でも同じように業種をまたいだコラボレーションが期待されます。

表5-2　漁業のオートメーション化に関する技術項目

技術分類	技術項目	
センシング技術	・入網把握システム ・生育状況モニター ・漁具可視化技術（沿岸） ・定置網設計システム	・網なり表示システム ・尾数カウントシステム ・魚探データ分析システム
ロボット・機器関連技術	・自動給餌機（遠隔） ・自動網起こしシステム ・自動カツオ釣り機 ・イカ釣りロボット ・漁業用スマートスーツ	・浮沈式生け簀 ・自動網掃除ロボット ・自動選別技術（加工） ・ホタテ貝自動生剥ぎロボット
ドローン関連技術	・漁場探索システム ・赤潮検知システム	・網破れ検出システム

出所：水産庁資料などをもとに筆者作成

oint

● イカやカツオの釣りロボットが登場。効率化やリスク低減に貢献
● ロボット技術の活用は農業分野よりも遅れが目立つ。民間企業や大学との連携
　強化に期待

33 漁獲の オートメーション化②

研究が進む漁船の自動運航

　スマート水産業の技術開発の注目株の1つが、漁船の自動運航です。漁船の運航には免許が必要であり、また長時間の労働となるため心身の負担が高いとされています。まずは漁船以外の一般の船舶にて先行的に研究が進んでおり、将来的な漁船への応用が期待される状況です。本書で扱うほかの項目と比べると、"少し先"の技術ではありますが、将来的な中核技術として期待されています。

　船舶の自動運航技術を詳しく見ていきましょう。自動運航に必要な機能として、見張り、衝突回避、自動操舵などが挙げられます。

　見張り機能の自動化は、カメラ、レーダー、AIS（船舶自動識別装置。船舶の識別符号、種類、位置、針路、速力、航行状態およびそのほかの安全に関する情報を自動的にVHF帯電波で送受信し、船舶局相互間および船舶局と陸上局の航行援助施設などとの間で情報の交換を行うシステム）データなどの情報をもとに、自船の周囲の船舶を自動検出する機能です。この機能により、通常の運航時に常時周囲を監視できることに加え、船長や船員による目視が難しい夜間や濃霧時でも他船を検出できるようになります。

　2つ目に取り上げるのが、衝突回避システムです。このシステムでは、多くの船舶が運航している海域において、過去のAISデータなどをもとに、高度なアルゴリズムで衝突回避ルートを表示する機能の開発が進んでいます。

　3つ目が自動操舵機能です。中でも技術的なハードルが高いとされているのが、自動離着桟（桟橋から離れる／桟橋に着ける）機能です。準天頂衛星による精密測位（自動運転トラクターなどでも使われている技術）、高機能舵、無人タグなどを活用し、自動操舵にて離着桟する技術です。障害物のない海域と異なり、桟橋や岸壁との衝突に留意する必要があります。また、波が不規則になりやすい状況での瞬時の判断が求められるなど、技術的なハードルが高いと言えます。例えばヤンマー株式会社では、小型船舶における着岸操船の自動化に取り組んでおり一定の成果を得ていますが、他機関の研究や実証を含め、大型船の完全自動着桟には引き続き技術的課題が残るとされています。

　制度面では、国土交通省が2025年までの自動運航船の実用化を目指し、自動運航船の安全確保に関し、設計、システム搭載、運航の各段階における留意事項などをとりまとめたガイドラインを策定しています（**図5-11**）。

　同じ第1次産業の農業と比較すると、農業分野では自動運転トラクターなどの自動運転農機が無人での走行・作業をすでに実現しています。さらに、規制緩和により条件付きで農道の無人走行も解禁され、事務所などの遠隔地からのモニタリングでも広く自動運転が可能となっています。一方で漁船の自動運航については、技術面、制度面で遅れている状況にあり、今後の巻き返しが期待されます。

外洋上	外洋上は、見張りを機械および陸上からの遠隔監視により実施
沿岸部	沿岸に近付き、船舶交通が増えてくると、船員も見張りを行うものの、見張り・操船は基本的に自動化。主に船員は機械の下す判断を監督、承認する役割
港内	港内に入り、船体が岸壁と平行になる位置まで自動操船
接岸・荷役	最終の接岸操船および綱取りは、無人タグのアシストなどを受けつつ有人で実施

出所：国土交通省資料をもとに筆者作成

図5-11　国土交通省　将来の「自動運航船」のイメージ（一例）

Point
● 国の積極的な支援のもと、船舶の自動運航技術のイノベーションが進展
● 漁船分野での取り組みは少ないが、将来的な技術普及に期待

第 **6** 章

スマート養殖業

給餌ロボット

ロボティクスで省力化と給餌最適化を実現

　養殖業において重要な作業の1つが給餌（餌やり）です。毎日大量の餌を何度も供給する必要がありますが、近年は養殖業でも人手不足が顕著となっています。また、給餌量の不足は養殖魚の生育不良の要因となりますが、過剰時には水質汚濁による環境汚染や病気を引き起こします。そこで給餌作業の効率化、省力化、最適化を目指し、給餌ロボットの導入が始まっています。

　IoT（モノのインターネット）を用いた自動給餌システムでは、クラウドを活用して水中環境センサー、自発センサー、カメラなどのデータを集約・分析し、そのデータをもとに遠隔操作で給餌器を運用しています。当初は、取得したデータを養殖事業者が分析してどの程度の餌を与えるかを判断するという運用が多かったのですが、最近はAI（人工知能）による給餌量の最適化と作業の自動化が進んでいます。後者では、センサー情報をもとに水中環境と摂餌実績を見える化し、魚が必要な量を高精度に推計することで、給餌を最適化していることがポイントです。

　中でも、特徴的な技術が「自発センサー」です。これは「オペラント条件付け」という行動心理学の研究成果を応用したものです。魚はスイッチを押すと餌が出ることをいったん学習すると、餌が欲しい時に自らスイッチを押すようになります（**図6-1**）。その原理を活用した自発センサーにより、養殖において魚が空腹時に自発的に餌をつつく行動を把握することで、餌を過不足なく供給することができ、給餌量の不足による生育遅延や過剰による水質汚濁を回避することができます（**図6-2**）。

　給餌ロボットの事例を見てみましょう。「UMITRON CELL」はAI・IoT技術を活用した水産養殖者向けスマート給餌機です。AIが魚の食欲を判定し、餌量やスピードを最適化、制御して「魚の食欲に合わせて餌やりをする」ことができるため、過剰な給餌の回避によるコストダウンや水質汚濁防止にも貢献します。タイ、サーモントラウト、シマアジなどの魚種に導入されています。

　また、給餌用の自律移動型船舶ロボット（ボート型ロボット）では、遠隔操作

のパターンを記録し、自動で再現する方式を用いた製品が市販化されています。これにより給餌の効率化に加え、防鳥（養殖している魚などを狙う鳥類の追い払い）の自動化を実現しています。

　単に効率化、省力化を図るだけでなく、食味の向上、飼料コストの削減、環境負荷の低減、作業者の安全配慮などにも効果がある点が、給餌ロボットの注目されている要因です。

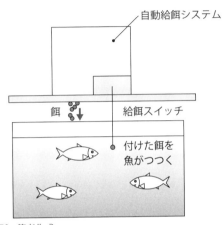

出所：筆者作成

図6-1　自発センサーを用いた給餌ロボットの概要

- 先端の自発センサーを魚がつつくと、自動的に給餌
- 魚はこの仕組みを学習し、食べたい時に食べたい分だけ給餌されるようになる

無駄な飼料が削減され、効率的かつ環境に優しい給餌が実現。省力化にも貢献

出所：三重県資料などをもとに筆者作成

図6-2　自発センサーによる給餌量最適化のメカニズム

Ｐoint
- 自動で餌やりをするロボットが実用化
- 省力化だけでなく、環境負荷低減にも貢献

水中ドローン／小型ROV

モニタリング用と作業用が実用化

　ドローンというと飛行可能な小型機を思い浮かべますが、最近はその水中版である"水中ドローン"の実用化が進んでいます。水中ドローンは、水中で自在に動くことができる小型機械で、その名の通り"ドローンの水中版"です。

　水深数十〜100mまで潜れるものが多く見られます。本体にカメラ、センサー、ロボットアームなどを取り付けることで、さまざまな作業に対応可能です。もともとは海中や海底の観察、モニタリングのために開発された製品ですが、近年は水産分野への応用が進んでいます。

　また、小型のROV（Remotely operated vehicle、水中ロボットとも呼ばれる）も同様の用途での活用が進んでいます（**図6-3**）。なおROVは水中ドローンと異なり、操作用のケーブルが設けられています。

　水中ドローンは農業用ドローンと同様に、「モニタリング用ドローン」と「作業用ドローン」に大別されます（**表6-1**）。まずは、モニタリング用水中ドローンの活用方法を見ていきましょう。

　1つ目が水質モニタリングです。ドローンに搭載されたセンサーで養殖場などにおける水中の水温、酸素濃度などをモニタリングし、リスクの早期検出につなげています。2つ目が、漁における漁獲量の確認です。定置網漁は網を上げてみるまで漁獲量の検討がつかない点がデメリットでしたが、水中ドローンを使用することで、網の内部にどれくらいの魚がいるかを把握することができます。

　3つ目が、定置網のメンテナンスのためのモニタリングです。定置網漁において多大な労力を要する作業の1つが網のメンテナンスです。穴あきなどの網の破損は大きなトラブルとなりますが、人手で破損箇所を探索するのは時間がかかり、肉体的負担も大きいものとなります。水中ドローンにより定期的に網の状態をモニタリングすることで、効果的かつ早期の補修が可能となります。なお、現在はドローンのカメラを用いてスタッフが破損箇所を探索する手法が一般的ですが、今後はカメラ画像をAIで診断して自動的に破損箇所を特定する仕組みの実用化が期待されています（他分野ではすでにAIを活用した技術が実用化済み）。

　続いて、作業用水中ドローンに焦点を当てます。作業用水中ドローンにはロボットアーム、網などのアタッチメントが作業に応じて装着されており、それによってゴミや魚の死骸の回収などを行っています。水中ドローンは小型のため大きな力が必要な作業には不向きで、負荷の低い作業に適しています。人による水中の潜水作業は時間制限もあるため、機械化のメリットが大きいと言えます。

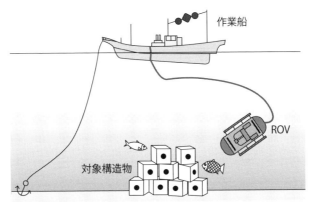

出所：水産庁

図6-3　ROVの活用例（漁礁調査）

表6-1　水中ドローンの分類

分類	付属機器（例）	活用例
モニタリング用	・カメラ ・温度センサー ・酸素濃度計 ・照度計 ・深度センサー ・距離センサー ・LED照明	・水質モニタリング ・網などの設備の破損箇所の確認 ・養殖魚の生育状況の確認 ・漁礁の調査
作業用	・ロボットアーム ・回収用網	・ゴミ回収 ・死魚回収

出所：筆者作成

oint

● 水中ドローンにはモニタリング用と作業用の2つが存在
● 現在はモニタリング用が先行的に普及

36 IoTを活用した水管理システム

生産効率向上と病気発生抑制のカギ

　養殖におけるキーテクノロジーの1つが水質管理です。海や湖と異なり、人工的な環境で飼育する養殖業においては水質悪化が起きやすく、養殖魚の死滅や病気発生に直結します。特に閉鎖／半閉鎖的な水環境で水の循環量が少ない内水面養殖や、水槽のサイズが小さい陸上養殖においては、いっそうリスク管理が重要となります。

　限られた容量の養殖池・水槽では、①餌の食べ残しによる水質悪化 ②養殖魚の糞尿による水質悪化（アンモニアなど）③養殖魚の呼吸や微生物の大量発生による水中の酸素量の欠乏などへの対応が必要となります。溶存酸素の減少は養殖魚の死滅に直結する重大事案と言えます。

　養殖池・水槽の水質は養殖魚の活動状況や天候（日照、気温、降雨など）の影響を受けやすく、いつ変化するかわからないため、従来の養殖業においては漁業従事者が頻繁に現場で状況を確かめる必要がありました。しかし、近年の漁業従事者の不足により高頻度な見回りが難しいことに加え、そもそも直接目視できない水中の状況を的確に把握することは、ベテランの従事者であっても難しいものでした。

　そのため最新の養殖施設では、IoTを駆使した水管理システムの導入が一般的になっています。養殖用の水管理システムは主に、温度センサー、pHセンサー、溶存酸素量センサーなどのセンサー類、センサーから取得したデータを保存・変換するデータロガー／変換器、データをクラウドにアップロードするための通信機器などから構成されます（図6-4）。加えて、養殖事業者はスマートフォン、タブレット端末などにインストールしたアプリを使って、それらのデータをリアルタイムに確認することができます。

　このシステムを活用することで、養殖事業者は水質センサーで測定した溶存酸素や水温、濁度、pHなどの値をリモート管理することが可能となります。見回りにかかる労力を大幅に削減できるとともに、人の目に見えないリスクの予兆も早期に検出可能な点が特徴です。リスクが高まった際にスマートフォンなどにアラートを発出する機能を備えているものも多く見られ、養殖事業者から高く評価

されています。

　また、一部の水管理システムでは水中ポンプ、水中ミキサー、水温調節器、エアーポンプといったハードウェアと連携しています。センサーデータをもとに必要なタイミングで各機器を稼働させることが可能で、水管理の全自動化を実現しています。

　水管理システムを応用して、水の塩分濃度や水温などを変えることで、魚の食味や栄養価を高める技術も実用化が進んでいます。魚を通常の飼育水よりも塩分濃度の高い環境に移すことにより、血液塩分濃度が上昇し、筋肉細胞中の遊離アミノ酸含量（旨味）を一時的に高めることが可能です。このタイミングで水揚げして活け締めした上で出荷すれば、通常の魚体よりも食味の良い、高品質な商品となります。水管理システムのデータ活用によって、このような品質向上策を的確に実施できます。

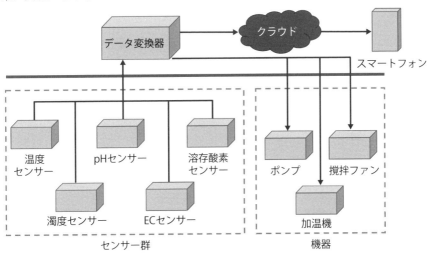

出所：筆者作成

図6-4　海面養殖施設における水管理システムの概要

Point
- IoTやクラウドを活用した水管理システムが実用化。水質悪化や酸素欠乏を防ぎ、リスクを回避
- 温度、塩分濃度、水流などの水環境を工夫することで、養殖魚の食味向上を図る取り組みも

37 注目される陸上養殖

食料安全保障の切り札としても期待

　陸上に設置した水槽などの人工的な施設で養殖を行う「陸上養殖」が新たな養殖手法として注目されています。

　陸上養殖ではIoT、AI、ロボティクスなどの先進技術が積極的に導入されており、スマート水産業の代表例の1つとされています。また、フードテック（食×先端テクノロジー）としても取り上げられています。

　陸上養殖の位置付けと分類について見てみましょう。この技術にも従来の養殖と同じく、海水（塩水）を用いるものと淡水を用いるものがあります。陸上養殖は水供給の方法に応じて大きく2種に分類されます。1つ目が、海水などを継続的に引き込んで利用する「かけ流し式」です。そして、2つ目が飼育水をろ過システムで浄化して循環利用する「閉鎖循環式」です（表6-2）。

　前者は外部から常に水が供給されるため、水循環設備は必要ありません。そのため初期費用が低く、酸素濃度の調整や養殖池・水槽内の水質悪化防止といった飼育管理も比較的容易な点がメリットにあげられます。一方で、海や川といった水源の近くにしか設置できないという制約があります。

　閉鎖循環式は同じ水をろ過して繰り返し利用する仕組みです（図6-5）。この方式の特徴は、外的要因の影響を受けにくく最適なコンディションを維持しやすい点、環境負荷が低い点です。そのため、養殖の生産性向上や疾病リスク低減が可能です。一方で、水循環にはろ過や殺菌を含めて大掛かりな設備が必要となるため、施設整備の初期費用や運営コストとしても電気代がかかってしまう点がデメリットです。

　水産庁では2021年度に「養殖業成長産業化総合戦略」を改訂し、その中で陸上養殖の位置付けが高められています。食料安全保障やSDGs（持続可能な開発目標）への関心が高まる中、持続的な国産水産物の供給手法として、水産政策の新たな柱になっていくと考えています。設備投資額の高い陸上養殖にとっては、効率化やコスト削減が喫緊の課題となっており、陸上養殖を国産水産物の供給の柱の1つへと育てていくためには、異業種からの積極的な技術導入を含

めた、技術的なイノベーションが欠かせません。

表6-2　陸上養殖の方式とメリット・デメリット

	かけ流し式	閉鎖循環式
イニシャルコスト	△ （養殖池・槽が必要）	× （養殖池・槽、水循環設備が必要）
ランニングコスト	○ （水のろ過、循環のコストが不要）	× （水のろ過、循環の電気代などが必要。人工海水の場合は水・塩類の費用も）
立地制約	× （海・湖沿いに限定）	○ （海沿いに限らず可能）
病害リスク	× （病原菌の侵入リスクあり）	○ （人工海水、滅菌済み海水）
水質汚濁リスク	△ （外部への排水あり。ただし給餌量の最適化などで対応）	○ （循環式で外部への排水が極めて少ない）

出所：筆者作成

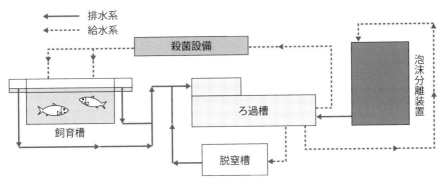

出所：水産省資料を一部改変

図6-5　閉鎖循環式陸上養殖システムの概要

oint

● 新たな養殖手法として陸上養殖が台頭。スマート水産業の代表格に
● 外的環境を受けにくく環境負荷（排水）も低い閉鎖循環式を中心に、イノベーションが進展
● 設備費やランニングコストの削減が普及拡大の要

38

急拡大する陸上養殖ビジネス

高級魚を中心に対象魚種が急増中

　陸上養殖の主な対象には、ニジマス（トラウトサーモン）、サツキマス、ヒラメ、トラフグ、チョウザメ、カワハギ、ハタなどの魚類や、エビ、アワビなどがあります。先進技術を駆使した陸上養殖は本格的に実用化されてから歴史の浅い技術ですが、積極的な研究開発の成果により、対象魚種が広がっています。理論的には多様な水産物を生産可能ですが、天然ものや一般的な海面養殖ものと比較して高コストなため、現在は高級魚が中心です。特に勢いがあるのがサーモンです。通常のサケは寄生虫のリスクがあり生食に向いていないため、生食できるサーモンとして陸上養殖サーモンが注目されているのです。

　陸上養殖の具体事例を見ていきましょう（**表6-3**）。鳥取県湯梨浜町の泊漁港では、加工場用地などにヒラメ、アワビの陸上養殖施設を整備し、展開しています。養殖施設の隣で直売所や食堂（「ひらめのうまか丼」が名物）を運営する6次産業化、地元の醤油業者との連携による商品開発、養殖もののふるさと納税への採用など、陸上養殖という先進技術を核に地域のビジネスが広く結びついている点が高く評価されています。

　愛知県田原市では陸上循環ろ過方式の養殖施設によってニジマス（渥美プレミアムラスサーモン）の生産が行われています。年間生産量が6〜7万尾の本格的な陸上養殖施設です。味や鮮度の良さに加えて、地下から汲み上げたきれいな海水を紫外線殺菌して使用することで、薬品の不使用を実現している点がセールスポイントの1つとなっています。また、閉鎖循環式のため、かけ流し式に比べて水の使用量を1/100程度に抑えることができるという環境面の特徴もアピールしています。

　陸上養殖のビジネス化の進展に伴い、大規模な陸上養殖施設の建設が進んでいます。静岡県の工業団地では、ノルウェーの陸上養殖企業、プロキシマーシーフード社の子会社がアトランティックサーモンの陸上養殖事業の立ち上げを進めています。延床面積約28,000㎡の巨大な閉鎖循環型の陸上養殖施設であり、日本最大級のサーモンの陸上養殖になるとされています。

　規模はさほど大きくないものの、地域密着型の陸上養殖プロジェクトも各地で立ち上がっています。例えば島根県出雲市では廃校舎の武道場を活用してカワハギを、奈良県天川村では廃校の教室でトラフグを陸上養殖しています。

表6-3　日本各地の陸上養殖の事例

大分類	品目	地域	概要
魚類	ヒラメ	鳥取県湯梨浜町	・加工場用地などにヒラメ、アワビの陸上養殖施設を整備 ・養殖施設に隣接した直売所と食堂の整備、地元醤油業者との連携による商品開発など、養殖以外の事業も展開
	キャビア	宮崎県椎葉村	・水質管理用のセンサーが設置された水槽でチョウザメを飼養 ・卵を「平家キャビア」に加工して販売
	サバ	鳥取県岩美町	・県の栽培漁業センターが開発した技術を用いてJR西日本が事業化 ・寄生虫が付きにくく、生で食べられることが特徴。「お嬢サバ」ブランドで販売
	サクラマス	富山県	・漁港にかけ流し式の水槽を設置、地元の養殖漁協が運営 ・自動給餌器などを活用し、作業を効率化
	トラフグ	栃木県	・地元で湧出する温泉水を利用。廃校教室にかけ流し式の水槽を設置、地元の養殖漁協が運営 ・自動給餌器などを活用し、作業を効率化
	カワハギ	島根県出雲市	・閉鎖循環式の養殖施設。廃校舎の武道場を再活用し、養殖槽を設置 ・運営主体は地元の建設会社（JR西日本が立ち上げ支援）
	トラフグ	奈良県天川村	・廃校の教室に円形水槽を設定し、陸上養殖を実施 ・温度管理、塩分濃度の調整（海水の1/3）により早期出荷が可能に
その他	アワビ	鳥取県湯梨浜町	・加工場用地などにヒラメ、アワビの陸上養殖施設を整備（詳細は同上）
	ノリ	広島県福山市	・未利用となっていた漁具保管修理施設用地および加工場用地を活用し、スジアオノリなどを陸上養殖
	ウミブドウ	沖縄県恩納村	・夏場の台風にも影響されない養殖事業としてウミブドウ養殖を開始 ・2004年に沖縄県からブランド認定

出所：筆者作成

oint

● 生食用サーモンなどの旺盛な需要を受け、陸上養殖は儲かるビジネスに
● 超大型陸上養殖施設も登場へ。廃校舎などを使ったユニークな取り組みも

39

陸上養殖の強みと弱み

陸上養殖ならではのビジネスモデル構築を

　スマート水産業の代表格として注目されている陸上養殖ですが、従来の養殖とは特性が大きく異なるため、ビジネスとして展開するためにはそのメリットとデメリットをしっかりと理解することが必要です。

　メリットとして、飼育環境の安定性や高い生産性が挙げられます（図6-6）。従来の海面養殖や内水面養殖では、赤潮・酷暑に伴う高水温・台風・河川氾濫などの被害を受けるケースが散見されます。陸上養殖の場合は海・湖・川などの自然環境と隔離されているため、異常気象や自然災害のリスクを最小化することができます。加えて、水温や餌を最適化することで、通常の養殖よりも成長速度を高めたり、通年で出荷したりすることが可能です。

　品質面・安全面でも通常の養殖にない特徴を有しています。陸上養殖では、飼養環境や餌の内容を工夫することで、食味や食感を高めることができるのに加えて、寄生虫の生息しない清浄な水環境で飼育するため寄生虫リスクを低く抑えることができ、高単価な生食用として出荷することが可能です。

　陸上養殖の今後の技術開発の方向性について考察しましょう。生育条件を人為的に管理しやすい陸上養殖においては、飼養環境や餌を変えることで、食味、大きさ、見た目、鮮度、安全性、鮮度といった商品特性をある程度コントロールできます。農林水産物全般で需要家起点、消費者起点のバリューチェーン構築の重要性が叫ばれていますが、刺身や寿司に適した商品、焼き魚に適した商品、煮魚に適した商品といったように、需要家の用途、ニーズから逆算して養殖するビジネスモデルが増えていくと考えられます。

　これらの特徴を踏まえると、陸上養殖は農業分野における植物工場（特に人工光型植物工場）と特性が似ていることがわかります。人工光型植物工場は気密性の高い建物の中に、10段以上の栽培棚を設置し、LEDなどの人工照明、水循環システム、空調設備を最適制御することで、高効率かつ安定的な農業生産を実現しています。人工光型植物工場の野菜は生菌数が少なくそのまま食べられる、賞味期限が長いといった点を売りにしています。

　一方、陸上養殖のデメリットとして、コストの高い点が挙げられます。陸上養殖では水槽や水循環システムの導入が必須のため、海面養殖などと比べて設備費が高くなります。またランニングコストについても、水循環や殺菌のための電力代などが含まれます。陸上養殖のいっそうの普及、そして対象魚種の拡大のためには、施設の大規模化によるスケールメリットの追求、廃校舎などの既存施設の活用に加えて、給餌技術や水循環の省エネなどの技術イノベーションが重要となります。

メリット	生産性の高さ
	作業負荷の軽減
	品質の高さ、安定性
	飼育環境の安定性
	疾病リスクの低さ
	寄生虫、毒素の排除・低減
	環境負荷の低減（排水の少なさ）
	休眠施設の活用（廃校舎など）、地域貢献
デメリット	イニシャルコスト（設備費）の高さ
	ランニングコストの高さ（電気代など）
	停電リスク
	土地代、土地の確保（従来の漁業権とは慣習が異なる）

出所：筆者作成

図6-6　陸上養殖のメリット／デメリット

oint
- 安定性、効率性、品質の高さなどが陸上養殖の強み（農業における人工光型植物工場と似たポジション）
- 規模拡大に加え、水循環や給餌に関する技術革新が求められる

40 再生可能エネルギーの導入

カーボンニュートラル養殖へのチャレンジ

　陸上養殖を含む養殖業においても、SDGs（持続可能な開発目標）の観点から温室効果ガスの排出削減に取り組んでいます。その代表例が再生可能エネルギーの活用です。養殖場においては循環ポンプ、殺菌装置、脱窒装置などにおいて多くの電力を使用しています。また、魚種によっては水温の下がる冬季を中心に、養殖池・水槽の水の加温が必要となるため、そのエネルギー源の化石燃料から再生可能エネルギーへの切り替えが模索されています。

　養殖場内で使用する電力のグリーン化に関しては、太陽光発電や小型風力発電、バイオマス発電などの併設が検討されています。隣接する敷地に太陽光パネルを設置し、発電した電力を養殖場で使用することで、化石燃料由来の電力から再生可能エネルギーに切り替えることができ、温室効果ガスの大幅な削減が図られます（図6-7）。

　近隣に工場がある養殖場では、工場の排熱の活用も選択肢となります。工場で発生した排熱を、ヒートポンプを用いて熱交換する、もしくは蓄熱材によって蓄熱し、養殖池の水の加温に使用するというモデルです。立地条件に左右される方式ではありますが、排熱が発生する製造業の企業にとっても環境負荷低減の取り組みとして評価されるため、今後の普及が期待されます。

　近年は、地中熱の利活用に関する検討が進んでいます。地中熱利用システムは地中に賦存する熱エネルギーを冷暖房などに利用する技術です（図6-8）。一定の深さの土中は外気温に関わらず温度が安定しているため、その深さの地中にパイプを埋設して水や不凍液を循環させることで地中と同程度の温度に近付けることができ、その熱を用いて養殖池・水槽の水の温度調整（加温、冷却）を行います。なお、地中熱の利用方法には、ヒートポンプやヒートパイプを使用する方式もあります。

　再生可能エネルギーの導入のハードルの1つがコストの高さでしたが、近年の燃料価格の高騰（第2章に詳述）の際には再生可能エネルギーの方がコストの安いケースも出てきています（補助金を含めた収支計算において）。「環境に優し

く、コストも安い」という "いいとこどり" ができれば、再生可能エネルギーの普及に弾みが付くと期待されています。

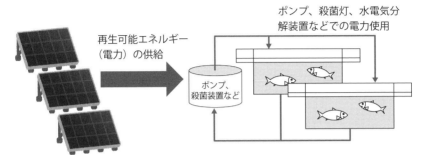

再生可能エネルギー（電力）の供給

ポンプ、殺菌灯、水電気分解装置などでの電力使用

ポンプ、殺菌装置など

地域内連携による環境に優しい養殖業を実現

出所：筆者作成

図6-7　太陽光パネル併設型の養殖モデル

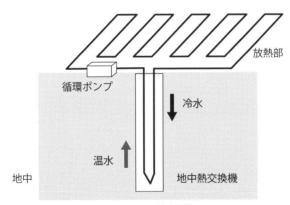

放熱部

循環ポンプ

冷水

温水

地中

地中熱交換機

出所：経済産業省資料などをもとに筆者加筆

図6-8　地中熱の活用（水循環方式）

Point

● 養殖業においてもSDGsの観点から再生可能エネルギーの導入検討が活発化

● 農業や食品産業での導入事例が良い参考例に

● 燃料価格の高騰の際にはコストメリットが生じる場合もあり

第7章

地域の資源を
活かした
サステナブル養殖

資源循環型養殖の台頭

品質、環境、資源、ブランドの一石四鳥

　各地で農業残渣などの不要物を餌に活用した資源循環型養殖の取り組みが加速しています。資源循環型養殖の代表例が、主に果物の残渣を餌に用いる「フルーツ魚」です（**表7-1**）。

　愛媛県では、県の代表的な農産物であるミカンの残渣を活かした複数魚種の養殖を行っています。代表例として「みかん鯛」や「みかんブリ」があり、さらに「宇和島サーモン（みかん銀鮭）」のようなユニークな商品も市販化されています。最近、広島県産をはじめとした国産レモンを活かしたドリンク、菓子、料理がブームとなっていますが、養殖分野でも広島の「あたたハマチtoレモン（レモンはまち）」のようにレモンを冠するフルーツ魚が登場しています。

　柑橘類以外を活かした資源循環型養殖魚（広義のフルーツ魚）としては、香川では特産品のオリーブの残渣を餌に活用した、「オリーブハマチ」や「オリーブぶり」が挙げられます（ほかにも「オリーブ牛」などの畜産物もあり）。オリーブに含まれる成分により、食味、肉質、香りが向上し、高品質な商品としての評価を得ています。

　フルーツ魚は**図7-1**のように、さまざまな効果を有しています。1つ目が品質の向上に関する効果です。柑橘類や茶などを活用する商品では、食味の向上に加え、養殖ものの弱点の1つであった臭いや色の悪さの改善に成功しています（次項に詳述）。

　2つ目として、資源循環型養殖は環境負荷低減にも大きな効果を発揮します。農業残渣を捨てずに有効に使うことで無駄をなくすとともに、飼料の輸入に伴う温室効果ガスの発生を回避できます。ただし、農業残渣などを過剰に給餌すると食べ残しが発生し、水質汚濁の原因となりますので、適切な給餌が欠かせません。

　3つ目として、資源リスク、特に飼料リスクへの対応にも有効です。一般的な養殖では魚粉などの動物性飼料、大豆かすなどの植物性飼料を給餌していますが、天然水産資源の不漁や国際的な穀物価格の高騰の影響のため、飼料価格は上昇傾向にあり、供給が不安定化するリスクも内包しています。焼酎かすをはじめとする高カロリーな残渣は、これらの飼料の一部を代替可能であり、資源リスク耐性を強化できます。

　4つ目が地域ブランドとしての価値の発揮です。愛媛のミカン、大分のカボスのように消費者に広く知られている地域の特産品の残渣を餌として活用することで、フルーツ魚に対する注目度を高めることができます。さらにフルーツ魚とその元になった特産品を組み合わせた販売、料理提供による相乗効果も期待できます（45項に詳述）。

表7-1　資源循環型の餌（フルーツ魚の取り組み）

	餌に使用する特産品	地域	商品名（魚種）
柑橘類	カボス	大分	かぼすぶり、かぼすヒラメ
	ユズ	高知	ゆずブリ、ゆずかんぱち
		鹿児島	柚子鰤王（ゆずぶりおう）
	ミカン	愛媛	みかん鯛、みかんブリ、宇和島サーモン（みかん銀鮭）
	スダチ	徳島	すだちブリ
	レモン	広島	あたたハマチ to レモン（レモンはまち）
非柑橘類	ハーブ	長崎	長崎ハーブ鯖
	焼酎かす	鹿児島	海の桜勘（うみのおうかん）
	オリーブ	香川	オリーブぶり、オリーブハマチ
	茶	鹿児島	さつま茶ぶり、海の桜勘

出所：筆者作成

1 品質向上 ⇒ 食味、栄養価、香り		**2** 環境負荷低減 ⇒ 残渣の有効活用	
3 資源リスク低減 ⇒ 輸入飼料の高騰対策		**4** ブランド価値向上 ⇒ 特産品とのシナジー	

出所：筆者作成

図7-1　資源循環型養殖の4つの効果

oint

● 地域の特産品を餌に活用したフルーツ魚が各地で台頭
● 高品質、環境に優しい、資源リスクに強い、高いブランド価値と"いいことづくめ"の注目技術

42

農業と水産業の資源循環

ブルーエコノミーのポテンシャルを活かした事業創出

　前項では、地域の特産品の農業残渣を活かしたフルーツ魚の取り組みを紹介しました。このように、農業と水産業は相互に関係しており、魚粉（魚から油脂を分離した残渣を乾燥したものが魚粕、それを粉砕したものが魚粉）を肥料として活用するなど、古くより両者を組み合わせた取り組みが行われてきました。

　特に、近年は「ブルーエコノミー」の文脈から、水産業のポテンシャルを再評価する動きが活発化しています。ブルーエコノミーとは、海を守りながら経済や社会全体をサステナブルに発展させることを前提とした海洋産業を意味します。

　水産系資源は水産業の中で、農業系資源は農業の中で、と閉じたバイオマス循環となってしまうと、ブルーエコノミーの本領を発揮することはできません。**図7-2**のように農業と水産業を結ぶ大きなバイオマス循環の輪を作ることがポイントです。

　まず"水産業⇒農業"のフローを見てみましょう。主な用途の1つが肥料です。前述の通り、魚粉が主要な有機肥料の1つとして広く活用されています（**表7-2**）。魚粉は有機肥料の中でも油かすや菌体肥料よりも即効性が高い点が特徴です。ほかにもカニやエビなどの甲殻類の殻の粉末（キチン質を多く含む）が土壌改良効果のある有機肥料として流通しています。

　また、畜産飼料としての活用も一般的で、例えば魚粉はタンパク質が豊富かつ必須アミノ酸のバランスが良いこと、ビタミンB群の含有量が多いことから、養鶏などで飼料として用いられています。さらに近年では藻類を家畜飼料として活用する例も登場しています。特に、ヒツジに与える飼料にユーグレナ（ミドリムシ）を混ぜることで、呼気に含まれるメタン発生量を減少させる効果が確認されており、環境に優しい餌としてのヒットが期待されます。

　一方、"農業⇒水産業"のフローは、前述のフルーツ魚が代表例となります。単にバイオマスを供給するだけでなく、地域ブランドという付加価値もこの矢印には含まれている点がポイントです。特に水産業⇒農業、農業⇒水産業という両方の矢印が揃って循環の輪ができあがっている地域は、両者の相乗効果によって

圧倒的な独自性、ブランド価値を獲得することができます。

　農業分野では農産物栽培と畜産を組み合わせた耕畜連携モデルが先行して立ち上がっていますが、今後は水産業と農業の組み合わせによる新たなローカルビジネス創出が期待されます。

〈肥料・飼料〉
水産業残渣（カニ殻など）、魚粉、藻類

農業　水産業

農業残渣（葉・搾りかす・規格外品など）
〈飼料〉

出所：筆者作成

図7-2　ブルーエコノミーのポテンシャルを引き出す"農"と"水"の循環

表7-2　化学肥料・有機質肥料の概要

○化学肥料

分類	例
窒素質肥料	尿素、硫安、塩安、石灰窒素
りん酸質肥料	過りん酸石灰、よう成りん肥
加里質肥料	塩化加里、硫酸加里
複合肥料	高度化成肥料、普通化成肥料、配合肥料
石灰質肥料	消石灰、炭酸カルシウム肥料
その他肥料	ケイ酸質肥料、苦土肥料

○有機質肥料

分類	例
堆肥	牛ふん堆肥、豚ふん堆肥、鶏ふん堆肥
動植物質肥料	魚かす粉末、菜種油粕、骨粉
有機副産物肥料	汚泥肥料

出所：農林水産省資料などより筆者作成

Point
● ブルーエコノミーのポテンシャルを十分に活かし切れている地域は少数
● 農・水の連携で地域特性を活かした儲かるビジネスの創出を

43

農業残渣の機能性を活かした品質向上策

健康志向にマッチしたヒット商品

　農産物の残渣を餌に混ぜたフルーツ魚は、残渣に含まれる有用成分により食味、香り、色合い、栄養価などが向上しています。

　大分県のかぼすブリでは、養殖段階で果汁を餌に対して1.0％添加したものを30回給餌、果皮パウダーを餌に対して0.5％添加したものを25回給餌しています。これによって、脂っこさの低減、魚臭さの低減、身の変色防止といった効果が得られます（図7-3）。もともとは大分県の農林水産研究指導センターが養殖ブリの血合い部分の変色防止の研究として始めた技術ですが、このように複数の効果を発揮し、ブランド養殖魚としての地位確立に貢献しています。

　愛媛県では、みかん鯛、みかんブリといった「みかん魚」がブランド展開されています（図7-4）。愛媛県では特産のミカンなどの柑橘を材料にした柑橘ジュースの製造が盛んですが、それに伴い多くの搾りかす（果皮など）が発生していました。この取り組みでは、これまで廃棄されていた搾りかすを飼料に混ぜて給餌しており、魚の生臭さの抑制、身の変色防止、柑橘の香りの付与などを実現しています。

　このように柑橘類を用いたフルーツ魚は、柑橘の種類によって効果・効能に多少の差はあるものの、大まかには類似していることがわかります（図7-5）。

　鹿児島県垂水市の「海の桜勘」は、餌に鹿児島県産の茶や焼酎かす（イモ焼酎）が配合されている点が特徴です。養殖カンパチへの茶や焼酎かすの供与には、抗菌・抗酸化・色揚げ・メラニンの軽減といった効果があるとされており、魚肉中のビタミンEの増加やコレステロールの減少が報告されています。さらに、官能検査においては、魚臭さの低減や、身質の透明感向上といった効果が確認されています。これらの餌の工夫により、高品質な「かごしまのさかな」ブランドの認定を受けています。

　高品質で機能性を有する餌として、藻類の飼料としての活用にも注目が集まっています。人間用のサプリメントとして利用されているように、藻類はさまざまな有用成分を含有しており、機能性餌として養殖ものの品質向上、付加価値の創出に役立っています。

味よし：脂がしつこくなく、さっぱりとした味わい

香りよし：魚臭さが少なく、ほのかにカボス香りも

見た目よし：切り身の色変わりが遅く、身の色が美しい

出所：大分県資料より筆者作成

図7-3　かぼすブリの3つの特徴

みかん鯛　　　　　　　　みかんブリ　　　　　　　宇和島サーモン

出所：愛媛県

図7-4　「みかん魚」シリーズ

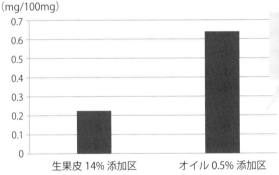

（mg/100mg）

カボスの生果皮やオイルを餌に添加することで、肝臓（キモ）の香り向上を実現

生果皮 14% 添加区　　　　オイル 0.5% 添加区

出所：大分県資料に筆者一部加筆

図7-5　カボスを給餌したカワハギ肝臓のカボス香（リモネン）

oint

● 柑橘類や茶などの残渣に含まれる成分を餌に活用。高品質な養殖魚の生産に成功
● 柑橘類のフルーツ魚は競争が激化。柑橘以外の農産物残渣を用いた養殖魚に新たなビジネスチャンスあり

44

野菜残渣×未利用水産物で価値を創出

藻場の回復と地域の特産品開発の両立

　沿岸の浅海域でコンブ、ワカメ、アマモなどの海藻や海草が繁茂する場所を「藻場」と呼びます。藻場は、多くの水生生物の生活を支え、産卵や幼稚仔魚の成育の場を提供し、海水を浄化する役割を担っています。近年の温暖化などによって生態系のバランスが崩れたことにより、海藻を食べるウニなどの捕食動物が急激に増殖し、藻場が大規模に消失してしまう「磯焼け」と呼ばれる現象が全国で問題になっています（**図7-6**）。

　「ウニ」と聞くと高級食材をイメージしますが、こうした場所で育つウニは餌が足りず生育不良となるため、身があまり入っていません。そのため商品価値がなく、漁の対象にもならず、ただ藻場を荒らすだけの"やっかいもの"となっています。磯焼けの回復に取り組む多くの地域では、潜水士、海女・海士、ボランティアのダイバーなどが、商品価値のない不要なウニを1つ1つ棒で突くなどして駆除しているのが現状です。

　このような不要なウニを商品化し、問題を解決しようという動きが出ています。ポイントは、地域の豊富な農業資源を活かして、捕獲したウニを養殖し、新たな特産品を生み出している点です。

　有名なのが神奈川県三浦市の「キャベツウニ」です。身の痩せたムラサキウニに地元の特産である三浦キャベツの規格外品を与えて育てた商品です。ウニは雑食性と言われ、育つ環境によって味に違いが出てきます。キャベツウニは、ウニの食用部位である身（生殖巣）が肥大する4〜6月にかけて、栽培途中で割れるなどした規格外のキャベツを与えることで、身を大きくし、さらに、甘く、苦みや臭みのないおいしいウニを作ることに成功しました。

　また、愛媛県愛南町では、地域で栽培されてきたブロッコリーと愛南ゴールド（河内晩柑）の残渣を、ガンガゼという種類のウニに給餌した「ウニッコリー」の生産に取り組んでいます（**図7-7**）。ブロッコリーの出荷時に切り落とされる茎の部分や出荷規定に合わない規格外品、愛南ゴールドの出荷前に自然に落下して一般向けには出荷できないものを集めて利用しています。天然のガンガゼは可

食部が少なく、苦味やえぐ味があるため、従来は商品になりませんでしたが、ブロッコリーを与えることで、それらが抑えられ、甘味のあるまろやかな味になっています。加えて、出荷前に愛南ゴールドを与えることで、ほのかな柑橘の香りの付いたウニに仕上げることができました。このように、地域資源を上手く活用し、藻場の回復と新たな特産品の開発に成功する地域が多く出てきています。

出所：愛媛県愛南町

図7-6　愛南町沿岸の様子

出所：愛媛県愛南町

図7-7　ウニッコリー畜養の様子

Ｐoint

- 地域特産の農産物の残渣を活かしたウニが次のヒット候補
- 環境面でフルーツ魚以上の効果。残渣の有効活用に加えて、"藻場の再生"に貢献

45

地域の特産物を軸にしたブランド構築

トップブランド品とのシナジー効果

かぼすブリ、オリーブハマチ、みかん鯛、キャベツウニといった地域の特産品を活かした資源循環型の養殖ものは、新たな商品であり、もともとそれ自体の認知度やブランド価値は高くありません。そこで、全国的に知られている、餌とした特産品のブランド力に引っ張ってもらう形でのマーケティングが重要です。

そのために必要となるのが、地域内での連携に関するストーリーや価値を消費者に伝えることです。ブランド化戦略を考えるうえで、まずは消費スタイルの違いに焦点を当てましょう。

図7-8のように、消費スタイルには「モノ消費」「コト消費」「イミ消費」などがあります。基本となるのが商品自体を重視するモノ消費で、「新鮮な魚」「甘みの強いウニ」といった点を評価して消費するものです。コト消費では消費に伴う体験・経験に重きが置かれています。産地で獲れたての新鮮な魚介類を食する、地域の伝統料理を食する、人気の直売所で地元の特産品を購入する、地引網体験をするといった商品・サービスが該当します。

さらに、近年SDGs（持続可能な開発目標）への意識の高まりから注目されているのがイミ消費です。消費に付随する意味を重視するもので、地域を応援したい、環境保護に貢献したいという想いを実現するための消費行動です。代表例として、ふるさと納税やクラウドファンディングなどが挙げられます。

地域の特産品と連携して資源循環型養殖もののブランドを構築していくには、コト消費やイミ消費の取り込みが必須となります。未利用な特産品残渣を使うための地域内の連携、そのための生産者や地元住民の創意工夫・努力、それによって生じる環境保全の効果までを含めた全体が、コト消費やイミ消費の"価値源泉"となるため、これまで以上に消費者に情報を積極的に伝えていくことがポイントです。資源循環型養殖の社会面、環境面でのストーリーや価値をきちんと伝えることができれば、旅行やアンテナショップでの消費やふるさと納税の増加につながり、地域のファン創出にも貢献します。

その際、地域連携や環境保全といった情報を淡々と伝えるだけでは消費者の心

を十分に動かすことはできません。コト消費やイミ消費を五感から喚起する仕掛けとして、かぼすブリにカボスを絞ったカルパッチョ、海の桜勘の刺身とイモ焼酎の晩酌セットのように特産品とその"子供"であるフルーツ魚のマリアージュ[1]を提供する動きが各地で増えています（**図7-9**）。

　時に"頭でっかち"になりがちなコト消費・イミ消費を、改めてモノ消費の視点（＝「うまい！」）で訴求することで、大きなビジネスチャンスをつかむことが可能となります。

---

[1]　マリアージュ：もとはワイン用語で、料理と酒との組み合わせ、またその相性のこと

モノ消費	商品・サービス自体に価値を見出す消費スタイル （モノの所有）
コト消費	商品・サービスによって得られる体験・経験に価値を見出す 消費スタイル
イミ消費	商品・サービスの持つ社会的・文化的な側面に価値を見出す 消費スタイル

※最近は上記以外にも「トキ消費」などの概念も提唱されている

出所：筆者作成

図7-8　モノ消費、コト消費、イミ消費の定義

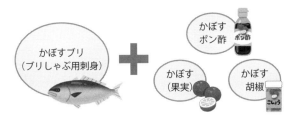

出所：筆者作成

図7-9　コト消費・イミ消費を喚起するフルーツ魚＋特産品のセット商品（例）

Point

● コト消費・イミ消費の取り込みがブランド化のポイント
● 特産品とそれを餌とした水産物のマリアージュが効果的

第 8 章

スマート水産業
×加工・流通

水産物の
インターネット販売

漁業者と消費者を直結する新たな流通ルート

　デジタル化の進展に伴い、水産物においてもインターネット販売、Eコマースが増加しています。以前は鮮魚を扱うインターネット販売は外食業向けのBtoBサービスが中心でした。魚を捌けない、調理が面倒という理由もあり、一般消費者向けのBtoCのインターネット販売はさほど普及していない状況だったのです。

　ところがここ数年、状況が大きく変わりつつあります（図8-1）。その要因の1つがコロナ禍です。全国的な行動制限による飲食店の需要減少と、"おうち需要"に伴う家庭向けの増加を受け、インターネット販売も変化しています。主要なインターネット販売サイトでは、水産物の出品者数、購入者数ともに増加し、水産物の販売実績が伸びているとのことです。

　コロナ以前は丸ごと1匹の魚はあまり売れませんでしたが、外出自粛による"おうち時間"が増えたことによって、料理に時間をかけやすくなりました。また、新たな趣味として料理に取り組む人が、老若男女問わず増えたとされています。単に魚という食材を購入するだけでなく、"全国の新鮮な魚を捌く"という体験を提供することで、コト消費の喚起に成功したのです。SNSの普及により、調理のプロセスや完成した料理を発信することも楽しみの1つとなり、水産物インターネット販売に追い風が吹いています。

　インターネット販売は産地と消費者を直結するため、小ロット商品の販売が可能です。そのため、従来の流通ルートには乗らなかった珍しい魚や、売り物にならずに捨てられる規格外の魚なども流通可能になり、漁業者の収入増加やフードロス削減にも貢献しています（図8-2）。

　このような社会的な意義に呼応する消費者層が、積極的に買い支える構造が見られます。単なる商品情報だけでなく、漁業者の想いや取り組み意義を効果的に伝えることができるインターネット販売ゆえの"イミ消費"と言えます。

　また、インターネット販売ではレシピや作り方動画などの情報も合わせて提供できる点、消費者の声を直接聞いて商品の改良に活かせる点も大きな強みです。

　外食店向けのインターネット販売も好調です。株式会社フーディソンが提供す

る外食店向け鮮魚仕入れオンラインサービス「魚ポチ」は、開店前・閉店後といった時間に余裕があるタイミングでスマートフォンやパソコンから簡単に注文でき、翌日の仕込み前に商品が届くというサービスです。従来と比べ小ロットでの購入が可能で、過去の購入履歴にもとづくおすすめ商品の表示機能もあり、仕入れ効率化に役立つと評価されています。

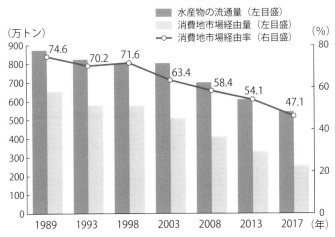

出所：農林水産省「卸売市場データ集」

図8-1　水産物の消費地市場経由量

鮮度が良い（輸送日数が短い）

中間コストが低い

珍しい水産物が手に入る

フードロス削減に貢献（未利用魚、規格外品）

出所：筆者作成

図8-2　水産物インターネット販売のメリット

oint

● コロナ禍でBtoCの水産物インターネット販売が好調
● 漁業者の収入増加やフードロス削減に貢献

スマート水産物流通

デジタル技術を活用した物流効率化

　水産物の流通においてもスマート化が急速に進展しています。水産物の流通では、鮮度劣化がおきやすい多種多様な水産物を迅速に捌くことが求められるため、デジタル技術の積極的な導入が進んでいます。

　ここではスマート水産物流通の例として、RFID（電波を用いてICタグの情報を非接触で読み書きする自動認識技術）に焦点を絞りましょう。RFIDは以前から存在する技術ですが、RFタグの単価の低下とともに活用の幅が徐々に広がっています。2022年9月には、世界最大の小売であるWalmartが、既存のアパレル用品に加え、さまざまな商品に対し、個品単位でのRFIDの貼付を義務付けました。日本国内では、株式会社ユニクロにおけるセルフレジでの活用が有名です。

　一方で食品、とりわけ水産品の分野においては、商品に含まれる水分の影響でRFIDの活用が難しく、事例はまだ多くありません。しかし、上流から下流へのサプライチェーンの全体最適化、トレーサビリティの確立、取り引きの迅速化・デジタル化など、今後大きなポテンシャルを秘めている領域です。

　株式会社水産流通と豊洲市場に拠点を構える中央フーズ株式会社は、RFIDを活用したさまざまな商品在庫の管理、有効期限の管理、不足品などの受発注を自動化するクラウド型のSaaSを提供しているAUDER株式会社とともに、2022年度に農林水産省の支援を受け、RFIDを活用した受発注の高度化・自動化をテーマに実証を行っています（**図8-3**）。RFIDのシステムは、初期の開発コストが大きく、試行・導入のハードルが高いことが課題でしたが、SaaSでは初期の開発コストをかけることなく、RFIDを活用したベストプラクティスを即時に取り入れられることが大きなメリットであり、実証事業の成果を踏まえた今後の社会実装が期待されます。

　なお、食品・水産品におけるRFIDの活用が難しいという考えは、あくまでも対象商品にRFIDを貼付することを前提にしています。オペレーションの工夫次第では、その必要はありません。例えば、卸売業者と小売業者間の取り引きで

は、一部の大型店舗を除きピース単位（缶コーヒー1本、ポテトチップス1袋のような商品の最小単位。「バラ」とも呼ばれる）で発注がなされますが、それが卸売業者の管理作業の負担増加を引き起こしています。卸売業者と小売店舗間の平均的発注数をケース単位として再定義し、このケースをRFIDで管理（複数のピースを格納した折りたたみコンテナなどに貼付）すれば、卸売業者はケース単位のハンドリングで済み、店舗側もケース単位の在庫を管理（必ず手前のケースから開封する、もしくはケース単位の品出しを必須とするなどのルール化が必要）すれば良く、双方の業務負担は大きく減少します。RFIDを何度も貼付する負担も発生せず、在庫管理を自動化できる可能性もあります。

食品流通に係る供給者 - 需要者の双方が利用できる
在庫可視化＆自動受発注プラットフォーム

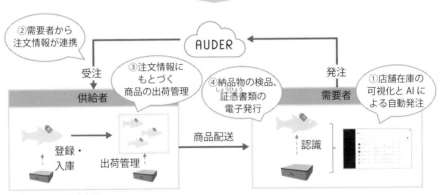

出所：AUDER株式会社

図8-3　実証事業のシステム概要

oint

● 水産物の物流現場においてもスマート技術の導入が加速
● 代表例がRFIDの活用。トレーサビリティの確立や物流効率化に効果を発揮

48 高度化する鮮度管理技術

水産物の品質を保持／向上

　生の水産物は足が早い（傷みやすい、長持ちしない）ため、鮮度保持技術が非常に重要な要素です。適切な鮮度保持は食味や安全性の側面に加え、フードロス削減にも効果を発揮します。

　水産物の鮮度保持の基本は冷蔵保存です。漁獲された鮮魚は漁船の魚槽に引き上げ、すぐに砕氷、スラリーアイス（海水や食塩水を-1.0～-2.5℃に冷やしたシャーベット状の氷）、殺菌処理を行った冷海水で急速に冷やすことによって、鮮度劣化を遅らせることができます（図8-4）。

　また、高級魚やサイズの大きい魚種では、活け締め（いけじめ、活〆などとも表記）という手法を使うこともあります。活け締めは生きた状態の魚の延髄と動脈を切って血抜きする技術で、一般的に①活け越し　②即殺（魚が暴れると、筋肉中に血が回り、透明感がなくなり生臭くなる）③放血　④神経抜き　⑤保冷の5つのステップで構成されます（図8-5）。活け締めをすることで、野締め（漁獲した魚を自然死させること。漁獲時に既に死んでいたものを含む）に比べて、鮮度を長く保つ、筋肉中の旨味成分を高める、生臭みが出にくいといった効果があるとされています。

　活け締めは1匹ずつ行う手間暇のかかる作業ということもあり、野締めの魚よりも高値で取り引きされます。なお活け締めには、船上で漁獲後すぐに"沖締め"するパターンと、（蓄養可能な魚であれば）港の施設で漁獲時のストレスを緩和して活力を回復させて（活け越し）、出荷直前に活け締めするパターンがあります。

　漁港から小売店や外食店へ輸送する際にも、高度な鮮度保持技術が用いられています。コールドチェーンには冷蔵（2℃～10℃）や冷凍（-18℃以下）といった温度帯がありますが、水産物の輸送においては、氷結点～0℃の水分が凍る直前の「氷温域」に設定した氷温冷蔵も普及しています。通常の冷蔵に比べて鮮度の劣化を大きく抑えることが可能なことに加えて、水産物の備えるタンパク質をアミノ酸に置き換えて細胞内の濃度を上げて凍らないようにする作用によって、

魚肉内の旨味成分が増加することが知られています。鮮度保持よりも旨味向上の機能を重視し、「氷温熟成」というプロセスとして活用している事例も多く見られます。

　ほかにも鮮度保持の発展形として、イカや比較的小さな魚種を海水／塩水とともに生きたまま輸送する技術なども出てきています。熟成技術を含め、元の鮮度・おいしさを保つだけではなく、よりおいしくさせる、消費者に価値を届ける（例：生きたままのイカが届くという驚き）という視点が、より重要となってきているのです。

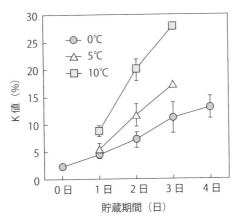

注：K値が低いほど魚の鮮度が良い
出所：北海道水産林務部

図8-4　温度管理によるサンマの鮮度の差異

出所：山形県資料などをもとに筆者作成

図8-5　活け締めの手順（活け越しの場合）

oint
● 水産物の鮮度管理の基本は温度管理。活け締めした魚は高単価で取り引き
● 熟成や生きたままでの輸送といった価値向上に資する鮮度保持技術にも着目

49 水産物加工の自動化技術

人手不足を補うオートメーション技術

　水産業における労働力不足が顕著になる中、人手不足の解消のため、作業のオートメーション化が加速しています。特に注目されているのがロボティクスで、ロボティクス導入を前提とした作業プロセスの見直しが進んでいます。水産物の流通、加工においては、搬送、供給、投入、成型といった力仕事や、検査、仕分け、整列といった視覚判断を伴う作業を中心にロボティクスが活用され始めています。

　水産物の水揚げ、加工、出荷における代表的なプロセスを表8-1に示します。この中で、特に加工や充填・梱包のプロセスにおいて自動化が進展しています（図8-6）。

　切り身製造ロボットでは、サケなどの中型魚について3次元カットにて面や長さが揃った見た目の良い切身を製造することができます。従来の人手による作業では、ベテラン従業員の経験・ノウハウを元に一定の大きさ・重量でカットしていましたが、従業員の高齢化や後継者不足によってそれらの熟練作業を継続することが困難になりつつあります。その穴を埋めるためにロボットが活用されているわけです。製品によっては、複数の魚種を対象に、厚さや幅を多様なパターンから設定できるものもあり、魚の用途、販売形態に合わせて選択することができます。

　ホタテの加工施設では、不要な"うろ"を自動で外すロボットが活躍しています。ボイルしたホタテは身が柔らかく、うろを機械的に取り外すのは難しいとされてきました。ホタテ加工ロボットにはロボットアームが付属しており、ロボットの上部に設置されたカメラの画像を処理したデータをもとに、うろ外しの自動化を実現しています。人員不足の解消に加え、作業ミスが発生しないため、品質を高めることにも貢献しています。

　切った後の商品の盛り付け、梱包段階でもロボットが使われています。ここでは一例として、いかそうめん盛付ロボットを取り上げましょう。いかそうめんの手作業での盛り付けは繊細で集中力が求められる作業でしたが、産業用ロボットを活用することで、さまざまな商品の種類と大きさ、トレーの種類、盛り付け方

に対応が可能となりました。

　国立研究開発法人農業・食品産業技術総合研究機構（農研機構）では、イワシ・サンマ・サバ・アジなどの焼いた切り身の缶詰製造におけるロボット開発を進めています。対象となるのが焼いた切り身を一定の量ごとに缶に充填する作業です。動画像処理による焼成切り身の部位判別手法を確立し、それをもとに細かい作業が可能な高機能なロボットアームによって効率的に充填作業を行えます。

表8-1　水産加工の代表的なプロセス

原料処理	食品製造・加工	鮮度保持・品質管理	計測・分析・検査	包装・充填	保管・搬送
・仕分け、原魚選別 ・開梱、解凍 ・魚介類の解体 ・原魚処理 ・内臓処理 ・殻むき、身出し ・乾燥、火入れ	・洗浄 ・選別 ・裁断 ・調味・調理（焼き、ボイル、乾燥、漬け込み）	・凍結 ・冷蔵 ・温度管理 ・品質管理	・衛生検査 ・細菌検査 ・水分、塩分検査 ・金属探知検査 ・X線異物検査	・盛り付け ・袋詰め・瓶詰め ・トレーパック ・製品包装	・冷凍保管 ・冷蔵保管 ・梱包 ・出荷

出所：経済産業省資料より抜粋

省力化	少人数で効率的な生産が可能
効率化	人間よりも高い効率性、かつ長時間連続稼働が可能（能率低下がおきない）
作業精度向上	人間よりも精密な作業を継続的に実行可能
衛生管理	無人環境下での作業が可能であり衛生的
労働安全	火傷などの負傷リスクの低減

出所：筆者作成

図8-6　水産加工におけるロボティクス活用のメリット

oint
● 水産物の加工においてもロボティクスを活用した自動化が進展
● 効率性向上に加え、ミス防止や衛生管理の面でもメリットあり

水産物に関する調理ロボット

回転寿司チェーンがトップランナー

　前項では水産物の加工や梱包といったサプライチェーン上流でのロボット活用に焦点を当てました。ここではサプライチェーンの下流である中食・外食産業や家庭での調理ロボットを見ていきましょう（図8-7）。

　近年、中食・外食産業でのロボティクス導入が加速しています。中食・外食産業における作業の特徴として、商品・メニューなどが多岐にわたる多品種生産である点、食材自体が不定形なものが多い点が挙げられます。また、弁当箱や盛付皿といった食品用資材が多種類存在する点も、機械化のハードルとなっています。このため、これらの作業の自動化のためには、ロボット側での高度な判断が必要となります。

　水産物に関する調理ロボットの代表例が、寿司自動にぎりロボット、シャリ作りロボットです。経験を積んだ職人が担っていた作業をロボットに置き換えることで、熟練職人の人数が少ない回転寿司チェーンでも、効率的に寿司を調理・提供できるようになりました。シャリ玉のにぎり具合は自由に調整できるため、店の特徴を出したり、ネタに合わせて固さを変えたりできます。

　寿司関係のロボットでは、巻き寿司用や軍艦巻き用に海苔を自動で巻く装置も市販化されています。細巻きや太巻きなど、異なる太さの商品に対応可能で、省力化に加えて、調理の失敗や職人の個人差を防げるため、商品品質の安定化にもつながると評価されています。また持ち帰り用寿司では、寿司を一貫ごとにフィルム包装するロボットも実用化されています。持ち帰り用のにぎり寿司の調理は、一次成形、二次成形、わさび塗布、ネタ乗せ、角折包装というプロセスから構成されています。このうち、ネタ乗せ以外のシャリ玉の握りからフィルム個包装までをロボットが担うため、調理者の作業はシャリ玉にネタを乗せることに限られます。将来的には全自動化によるさらなる効率化も期待されます。

　焼き魚などの水産物総菜に関しては、盛り付けロボットの導入が始まっています。食品コンテナに入れられている総菜をロボットハンドで一定量つかみとり、計量器の上に置かれたトレーに盛り付けることができます。ロボットは3次元距

離画像センサーによって総菜の形状や量を的確に把握することができ、トレーごと（商品ごと）に内容量の差が発生してしまう問題を解消しています。

また調理ロボットではありませんが、ファミリーレストランなどの飲食店では配膳や食器回収を担当する接客ロボットの導入が始まっており、世間の注目を集めています。

これらの中食・外食におけるロボット化の流れは、将来的には私たち消費者の家庭にまで及ぶと考えられています。開発段階の調理ロボットの研究内容を見てみると、一流シェフが開発したレシピや世界各国のレシピを事前に用意し、調理ロボットがその一流シェフなどと同じ動きをして調理スキルを再現することで、自宅に居ながら世界中の有名レストランの味を味わうことができる、という仕組みの実現を掲げています。

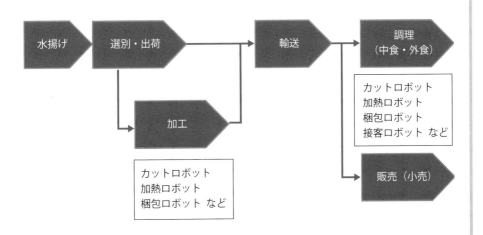

出所：筆者作成

図8-7　水産物のサプライチェーンにおけるロボティクスの活用

oint
- ● 水産物の調理に関するロボットでは、寿司関連ロボットが次々と実用化
- ● 魚を捌いて刺身にする作業でのロボット活用は未実現

51 水産物輸出を後押しする スマート技術

ICTを活用した手続き簡略・迅速化

水産物の輸出量は年々増加し、さらなる輸出拡大が期待されています。ここでは、水産物輸出を後押しするスマート水産技術にスポットライトを当てます。

農林水産省では農林水産物の輸出手続きの簡略化、迅速化のため、「一元的な輸出証明書発給システム」を2022年4月に運用開始しました。このシステムにより、オンライン上で申請可能な証明書が大幅に拡充され、多くの場合で書類の紙での提出が不要となりました。また、24時間申請可能、審査状況をリアルタイムに確認できるなど、従来と比べ、利便性が大きく高まっています。

続いて、輸出促進のためのバリューチェーン最適化の取り組みを紹介します。

三重県産カキ（牡蠣）のシンガポール向け輸出における取り組みでは、クラウドを活用して川上（養殖事業者）から川下（小売店、外食店）までの情報流の構築を進めています（図8-8）。ICT機器を導入して、輸出に必要な検査結果および衛生証明書を関係者間で共有することで、業務の効率化と安心感の醸成に効果を発揮しています。さらに、販売先からの注文情報を生産者と迅速に共有することで、産地で注文数に合わせた小分け包装を実施することが可能になりました。これによってサプライチェーン途中での仕分け・再梱包が不要になり、産地での出荷から販売先の店舗での受け取りまで箱を開封しない状態で届けられるようになり、食中毒発生リスクの低減に資するとされています。

物流においてもさまざまなスマート水産技術が活用されています。輸出は国内向け出荷よりも輸送時間が長いため、鮮度保持がより重要となります。そのため、3Dフリーザ（冷凍）や氷温熟成機を導入することで、鮮度保持した状態での輸送を実現する事例が増えています（48項に詳述）。

トレーサビリティ確保のポイントについて見ていきましょう。東南アジア向け高鮮度輸出促進産地連携協議会の実証事業では、IoTデバイスとブロックチェーンを活用して、国内産地での漁獲から海外の消費者・実需者の受け取りまでのトレーサビリティを確保・見える化しています。輸出する水産物の箱などにロガーを入れ、サプライチェーン各段階の時刻・位置・温度などのデータを取得・保存

しています。ただし、データが改ざんされてしまっては意味がありません。そこで、ブロックチェーンで管理することでデータを改ざんされないように工夫しており、消費者からの信頼感、安心感の獲得につながると期待されています。

　また、日本産水産物の品質の見える化も、現地消費者への価値訴求の観点から不可欠になります。典型的な例が、活け締めされた高品質な魚です。鮮度低下を防ぐ効果的な技術である活け締めですが、海外の水産物流通の現場では魚体に血抜きのための傷があるとかえって低く評価されてしまうという事態が散見されます。そのような問題の解消に向けて、科学的な鮮度評価指標「K値」の試験方法に関するJASが制定されました。K値とは、死後時間経過に伴って増加する魚類筋肉中に含まれるエネルギー成分であるATP関連物質の含有量を測定して算出される指標で、水産物の鮮度を明示できます。生産・流通現場で簡単かつスピーディーに鮮度を見える化できるよう、簡易分析装置の開発が進められています。

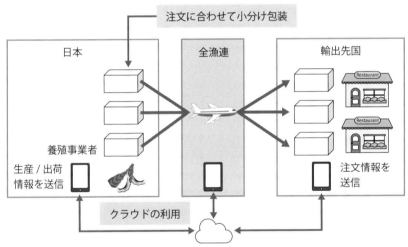

出所：水産省資料に筆者加筆

図8-8　三重県産カキにおけるクラウドを活用した輸出促進の取り組み

Point
- 政府の輸出手続きのデジタル化が進展。手続き迅速化に貢献
- IoTやブロックチェーンを活用したサプライチェーン管理も実用化へ
- 鮮度の見える化のためのJAS規格も制定

データ・コレクション 5

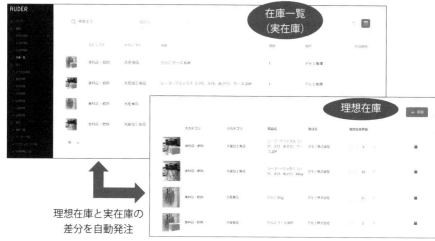

理想在庫と実在庫の
差分を自動発注

出所：AUDER株式会社

RFIDによる管理システム（第8章47項）

第 9 章

付加価値を高める
バイオテクノロジー

52 バイオテクノロジーを利用した水産育種

マーカーアシスト選抜による効率化

　農作物や家畜では、古くから生物の遺伝的性質を利用して改良し、人間にとって有用な動植物の品種を新たに作り出す「育種」が行われてきました。一方で、水産物に関しては、農作物や家畜に比べて育種の歴史は長くありません。水産物は、天然ものの種類が多く、漁獲量も豊富であったために育種の必要性が低く、飼育や選抜の技術が発達しなかったことなどが理由とされています。しかし近年、資源保護、人口増加によるタンパク供給不足、健康志向の高まりなどによる養殖への注目から、育種への期待が高まっています。

　養殖分野では「成長が速い」「病気に強い」「食味が良い」といった特徴を目標として育種が行われています（**図9-1**）。成長の速い個体は、出荷までの飼育期間が短縮でき、単位面積当たりの生産量を増加させることができます。さらに、人件費、光熱費、飼料代などを低減できるため、価格の安定化にもつながります。また、病気に強い個体は、生産ロスを削減するとともに、薬の投与などにかかる飼育費用を低減させることができます。このように養殖における育種は、水産物の安定供給や品質向上に不可欠な技術となっています。

　一般的な育種の方法としては、異なる品種を交配し、両方の親の優れた特徴（遺伝子）を引き継いだ品種を選抜していく方法が知られています。通常の交配では、長い時間がかかることが課題とされてきましたが、近年のバイオテクノロジーの発展により、育種を効率化する技術が多く登場しています。

　例えば、マーカーアシスト選抜は、目的の遺伝子の有無を判別するための目印となる「DNAマーカー」と呼ばれるゲノム（DNAのすべての遺伝情報）上の塩基配列を利用して、良い遺伝子を持つ個体を掛け合わせて選抜する技術です（**図9-2**）。国内では、ブリの成長不良や二次的な細菌感染症を引き起こす原因となるハダムシという寄生虫に関する研究などが行われています。この研究では、野生種にはハダムシが付きやすい個体と付きにくい個体のいることを利用して、ハダムシが付きにくい性質に関連する遺伝子を特定し、その遺伝子を持つ個体を交配することで、ハダムシ抵抗性のブリを開発しています。

　このほかにも、リンホシスチス病抵抗性のヒラメ、冷水病抵抗性のアユなど、研究・実用化の事例が多く出てきています。今後、ゲノム情報の解読が進むにつれて、遺伝情報を活用した効率的な育種がますます盛んになっていくと期待されます。

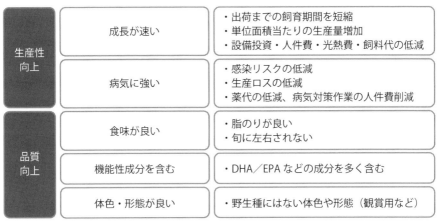

出所：筆者作成

図9-1　水産養殖における育種目標

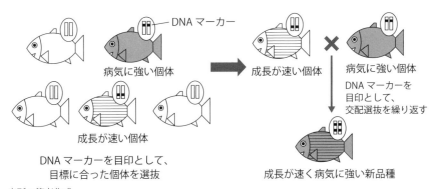

出所：筆者作成

図9-2　DNAマーカー育種

oint
● 農産物、畜産物に続き、水産物（特に養殖分野）においてもバイオテクノロジーの活用が本格化
● マーカーアシスト選抜の活用事例が顕著

53 ゲノム編集技術とは

ピンポイントでの編集により育種効率を向上

　水産物の育種技術の中で、近年特に注目されているのがゲノム編集技術です。ゲノム編集は、ゲノム中の狙った場所をピンポイントで編集するもので、育種の効率を大幅に高める技術として期待されています。

　ゲノム編集は、DNAの2本鎖切断が起こった際の修復機構を利用しています。細胞には、DNAが切断されるとその部分を元に戻そうとする機構が備わっていますが、修復の際、自然界では10万回から100万回に1回程度の確率で、ごくまれに塩基の置換、欠失、挿入などの修復のエラーが発生します。ゲノム編集では、ターゲットとする部分でDNAを切断するようにデザインした酵素タンパク質を人為的に細胞内に発現させます（図9-3）。このタンパク質がDNAの切断を繰り返し、エラーを促すことにより、変異を起こすことができます。なお魚類の場合、一般的にはゲノム編集ツールのRNAを受精卵に注入する方法によりゲノム編集が行われます。

　2012年に開発され、2020年にノーベル化学賞を受賞したCRISPR/Cas9（クリスパー・キャスナイン）は20塩基長の配列を認識することができます。その際、ほかに類似の配列がない特異的な配列をターゲットとしてデザインすることで、目的の遺伝子だけを変化させることが可能になり、数塩基異なる配列を誤って認識して編集してしまう「オフターゲット」のリスクを下げることができます。

　ゲノム編集と比較されることが多い技術として、遺伝子組換え技術（GM）があります（図9-4）。遺伝子組換え技術は、ある生物から、目的のタンパク質を作るための情報を持つ遺伝子を取り出し、改良しようとする生物の細胞の中に人為的に組み込むことで新しい性質を加える技術です。この場合、自然では交配しない生物から遺伝子を持ってくることができるため、従来の掛け合わせによる品種改良では不可能と考えられていた特長を付与することが可能です。

　ただし、遺伝子組換えでは、元の生物にはない外来遺伝子を導入するため、食品としての安全性や環境への影響について、十分な検討が必要となります。一方、ゲノム編集は、多くの場合、元の生物が持つ遺伝子の機能を失わせるのみ

で、外来遺伝子の導入は行っていません。そのため、ゲノム編集食品の安全性については従来の育種方法によるものと同等とされています。ゲノム編集技術の安全性審査については、55項に詳述します。

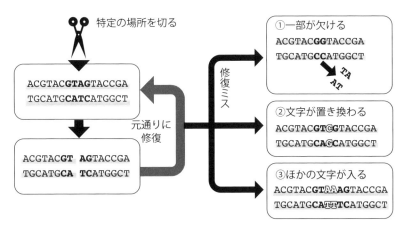

出所：農林水産省「ゲノム編集〜新しい育種技術〜」を一部改変

図9-3　ゲノム編集の機構（特定の配列を認識して切断）

	ゲノム編集	遺伝子組換え
方法	その作物自身の遺伝子の狙った場所を変える	ほかの生物の遺伝子を利用する
従来の育種と比較して	従来育種でできたものと同等のものも作ることができる	従来育種でできないものを作ることができる
最終製品に外来遺伝子を	残さない	残す

出所：農林水産省「ゲノム編集〜新しい育種技術〜」を一部改変

図9-4　ゲノム編集と遺伝子組換えの違い

Point

● 水産物の育種技術では、特にゲノム編集が注目株
● 法制度面では、遺伝子組換えと異なり、ゲノム編集の場合は従来の育種方法と同等と見なされる

商品化が始まった ゲノム編集水産物

飼料利用効率の向上により効率的にタンパク質を供給

国内では、筑波大学発のスタートアップであるサナテックシード株式会社が発売した「シシリアンルージュハイギャバ」というトマトを皮切りに、ゲノム編集技術を応用した食品の国内販売が開始されています。

第二号、第三号はゲノム編集水産物の「22世紀鯛」（マダイ）、「22世紀ふぐ」（トラフグ）で、ゲノム編集水産物が上市されたのは世界で初めてです。これらはいずれもリージョナルフィッシュ株式会社が手掛けたものです。同社は京都大学および近畿大学などの技術シーズをコアとして設立されたスタートアップで、ゲノム編集による魚類の品種改良とIoT（モノのインターネット）などを駆使したスマート陸上養殖を行っています。

ゲノム編集マダイ「22世紀鯛」は2021年9月に届出され、同年10月に上市されました（**図9-5**）。22世紀鯛は、骨格筋の肥大を抑制する働きをもつミオスタチンという遺伝子を欠失させることで骨格肥大の抑制を解除し、マダイの可食部を増量させています。その結果、一般的な品種と比べて、肉付きが1.2倍となり、飼料利用効率（体重増加÷摂取した飼料量）も2割改善しています（**表9-1**）。

また、ゲノム編集トラフグ「22世紀ふぐ」は2021年10月に届出、同年11月に上市されたもので、脳の視床下部で発現する食欲抑制因子であるレプチンの受容体遺伝子を欠失させています。養殖フグの食欲を抑制させず、摂食を促進することができるため、1.9倍のスピードで成長し、飼料利用効率は4割も改善したと報告されています。養殖において輸入飼料のコスト増加や調達リスクの上昇が課題となる中、これらのゲノム編集水産物は、少ない餌で成長することから、効率的にタンパク質供給ができるようになると期待されています。また給餌量を減らせることで、排せつ物や食べ残しによる水質汚濁のリスクを抑えることにもつながります。

リージョナルフィッシュ社は国内のみならず、海外でのゲノム編集水産物の展開にも取り組み始めています。2022年8月には、インドネシアの水産系スタートアップPT Aruna Jaya Nuswantaraとともに、日本貿易振興機構（JETRO）の

運営する「日ASEANにおけるアジアDX促進事業」に採択されました。ティラピア※1やフエダイなど、現地でメジャーな魚種を実証対象とし、インドネシアにおけるゲノム編集育種の実証を進めるとともに、ゲノム編集食品に係るルール整備にも取り組んでいます。

※1　ティラピア：アフリカ原産のスズキ目カワスズメ科の白身魚

出所：リージョナルフィッシュ株式会社

図9-5　ゲノム編集マダイ「22世紀鯛」

表9-1　ゲノム編集マダイの特徴（通常のマダイと比較）

	通常のマダイ	ゲノム編集マダイ
肉付き	1	1.2
飼料利用効率	1	1.2

出所：筆者作成

Point

- ゲノム編集水産物の商業販売が開始。食料安全保障リスクが高まる中、効率的なタンパク質供給手段としても期待
- ゲノム編集はスマート水産技術の海外展開のパイオニア。東南アジアへの展開が進展

55 ゲノム編集食品に関するルール整備

食品としての安全性、生物多様性への影響などを確認

　水産業分野や農業分野におけるゲノム編集技術への期待が高まる中、ゲノム編集食品の流通に向けてルールの整備が進められています。ゲノム編集技術を用いた農林水産物については、食品としての安全性は厚生労働省、生物多様性への影響は環境省と農林水産省が確認を行っています。

　ゲノム編集食品に関する多くのルールにおいて、外来遺伝子の導入の有無が判断の基準となっています。53項でも触れた通り、一般的に「ゲノム編集技術」という場合、DNAの切断による塩基の欠失や置換によって遺伝子の機能を失わせることで、その生物が本来もつ潜在的機能などを引き出す技術を指します。この場合、外来遺伝子の挿入はありません。

　実は、ゲノム編集技術では、DNAを切断する酵素（CRISPR/Cas9など）と同時に遺伝子断片を一緒に挿入しておき、DNA切断後の修復時にその遺伝子断片を鋳型としてコピーさせることにより、外部から遺伝子を導入することも可能です。この場合には、外来遺伝子を導入していることから、「遺伝子組換え」に該当すると判断される点に注意が必要です。ゲノム編集であっても遺伝子組換えに関するルールが適用されます。

　食品としての安全性に関しては、外来遺伝子の導入がない場合には、遺伝子の変化は自然界で、または交配や突然変異などの従来の育種方法で起こるものと見分けがつかないため、リスクもこれらの方法によって起こりうるものと同等にとどまると整理されています。そのため、食品の販売を行う場合には、厚生労働省などによる安全性審査は不要で、届出のみのルールとなりました。他方、外来遺伝子を導入し、遺伝子組換えに相当するゲノム編集の場合には、安全性審査を経なければ流通させることはできません（図9-6）。

　生物多様性への影響の確認に関しては、同様に、外来遺伝子の導入がない場合には環境省・農林水産省への情報提供のみで済みますが、外来遺伝子の導入があり、遺伝子組換えに相当する場合には、「遺伝子組換え生物等の使用等の規制による生物の多様性の確保に関する法律（カルタヘナ法）」にもとづく審査が必要

になります。

　実際には、ゲノム編集食品の食品としての安全性、生物多様性への影響の双方に関して、事前相談というプロセスが設けられています。厚生労働省や農林水産省は事前相談において開発者などから提供された情報に対して、学識経験者や専門家の意見を聞き、内容に疑義がなければ、届出が受理・公表されます。新しい技術に対して不安感を抱く人もいますが、このように何重ものチェックを経て商品化されていることを知ることで、その不安感が和らぐというケースも少なくないでしょう。

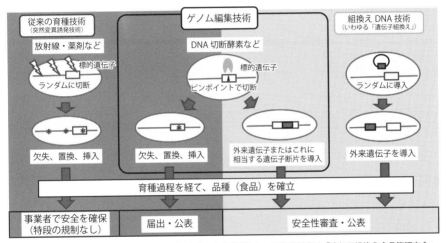

※開発者などから厚生労働省に対して事前相談を行うことを必須とし、厚生労働省は「遺伝子組換え食品等調査会」
　などに対して「届出」または「安全性審査（食品安全委員会への諮問）」のどちらに該当するか、意見を求める
※ゲノム編集技術応用食品および添加物の食品衛生上の取扱要領（令和元年 9 月 19 日大臣官房生活衛生・食品安全
　審議官決定）により、2019 年 10 月より運用開始

出所：厚生労働省資料

図9-6　ゲノム編集食品とその応用食品などの取り扱い

oint

● ゲノム編集技術には、遺伝子組換えに「当たるもの」と「当たらないもの」の 2
　つが存在
● 近年注目されているのは、主に「遺伝子組換えに当たらない」技術

細胞培養で作る
培養魚肉

国内外で技術開発が加速

　近年、食料の効率的かつ安定的な供給、環境負荷の低減などの観点から、牛や豚などの家畜から採取した細胞を人工的に培養して作られる「培養肉」が注目されています（培養肉の詳細は拙著『図解よくわかるフードテック入門』（日刊工業新聞社）参照）。フードテックへの注目度が高まる中、先行して大豆などを原料とした「植物肉」が先行して市販化されましたが、それに続く形で培養肉の研究開発が進んでいます。

　代替タンパクのブームの波は、水産物にも押し寄せています。牛肉などの畜肉をターゲットとした培養肉に加え、マグロ、サーモン、ウナギ、エビ、カニなどの水産物を細胞培養によって作る「培養魚肉」の研究も国内外で進められています（表9-2）。

　日本の細胞培養スタートアップであるインテグリカルチャー株式会社は、国内外で研究開発を実施しています。国内では一正蒲鉾株式会社、マルハニチロ株式会社とともに、魚類の筋肉細胞の培養技術の確立に向けた共同研究開発を開始することを、2022年8月に発表しました。また海外では、シンガポールのスタートアップであるShiok Meatsと共同研究を展開しています。Shiok Meatsは、エビ、カニ、ロブスターなどの甲殻類の培養に関する技術開発を進めており、東洋製罐グループホールディングス株式会社などが出資しています。

　インテグリカルチャー社の技術を詳しく見てみましょう。同社は、外部から成長因子を添加せずに、さまざまな細胞を大規模に培養できる汎用大規模細胞培養システム「Culnet System™」で特許を取得しています。動物の体内では、ある臓器が出す有用因子が血管を通ってほかの臓器に作用することで細胞の成長などを促しており、同システムでは、この仕組みを人工的に再現することで大幅な効率化とコストダウンを進めています。

　海外の技術を日本に導入する動きも加速しています。スシロー、京樽などを傘下に持つ株式会社FOOD & LIFE COMPANIESは、アメリカのスタートアップでクロマグロなどの培養魚肉の製品開発に取り組むBlueNaluと2022年1月に提携し

ました。BlueNaluとは、住友商事、三菱商事などもすでに提携関係を構築しています。

　今後、生産の拡大やさらなるコストダウンに向けては、工場スケールでの生産性の確認、作業の自動化などが不可欠となります。また商品化が迫る中、生産工程の検査や安全性保証、商品表示に関するルール整備などの各種法整備も求められています。

表9-2　海外の培養魚肉のスタートアップ

会社名	本社所在地	対象水産物など
BlueNalu	米国	クロマグロなどの培養魚肉を開発
Finless Foods	米国	マグロの魚肉生産を目指す。細胞培養マグロ・植物ベースのマグロの両方を手掛ける
Pearlita Foods	米国	培養カキを開発
Upside Foods	米国	培養鶏肉などを開発。培養ロブスターを開発するCultured Decadenceを2022年に買収
WildType	米国	培養サーモンを開発
Bluu Seafood	ドイツ	サケ、マス、コイの培養魚肉を開発
Shiok Meats	シンガポール	エビ、カニ、ロブスターなどの甲殻類を培養
Umami Meats	シンガポール	ニホンウナギ、キハダマグロ、タイの培養魚肉を開発
Avant Meats	香港	中国で人気の魚肚（ぎょと）（魚の浮き袋）・ナマコを開発

出所：筆者作成

oint

● 牛などの培養肉に続き、培養魚肉の技術も実用化へ

● 普及に向けた最大のポイントはコストダウン。国内外で研究開発が加速

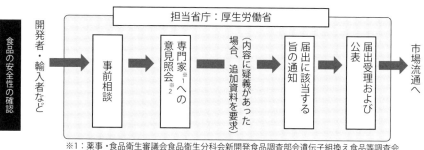

※1：薬事・食品衛生審議会食品衛生分科会新開発食品調査部会遺伝子組換え食品等調査会
※2：必要に応じてその取り扱いなどについて、食品安全委員会へ諮問する場合がある

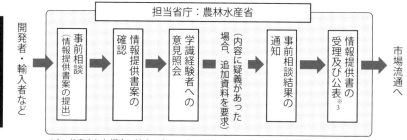

※3：公表された場合に特定の者に不当な利益または不利益をもたらす恐れのある情報を除く

出所：農林水産省資料「ゲノム編集技術を利用した品種改良と得られた農林水産物の取扱い」を一部改変

ゲノム編集食品の届出手続きの流れ（第9章 55 項）

第 **10** 章

台頭する藻類養殖

57 食用藻類の分類

多種多様な魅力をもつ藻類

　本章では、スマート水産業の中でも藻類に焦点を当てて、紹介していきます。まず、「藻類」というワードを聞くと何を思い浮かべるでしょうか。海で揺れているワカメやコンブ、食卓に並ぶノリやヒジキ、中には、緑色の小さな生き物を思い浮かべる方もいるかもしれません。紹介したものは、すべて藻類に含まれます。

　藻類は「一般的な光合成を行う生物のうちコケ植物・シダ植物・種子植物を除いたものの総称」と曖昧な定義を持ち、一括りに藻類と言ってもさまざまな大きさ、色を持つものが存在します。藻類は肉眼で見ることが「できるか・できないか」の観点で、ワカメやコンブなどの大型藻類（いわゆる海藻。以降、本書では「大型藻類」と呼ぶ）と、ユーグレナ（ミドリムシ）やクロレラなどの微細藻類に分けられます（**図10-1**）。ここからは、それぞれの特徴を見ていきましょう。

　大型藻類には、日本の周辺だけでも1,500種を超える種類が存在しています。主に色の違いにより、緑藻、褐藻、紅藻などに分類されます。この色の違いは生息場所の光の量に大きく影響されており、光が良く届くところには陸上の植物のような緑色、水深が深いところには茶色や赤色の大型藻類が生育する傾向にあります。

　さらに、大型藻類の分布は、近海を流れる海流と密接な関係があります。親潮の影響が強い北海道や東北地方の太平洋沿岸には亜寒帯性の大型藻類（コンブなど）が、黒潮の影響が強い南西諸島には亜熱帯の大型藻類（サボテングサなど）が、その中間の本州中南部〜四国〜九州には温帯性の大型藻類（ワカメなど）が生育しています。

　また、大きさを比べると、暖かい海には小さくて細かい海藻が多く、北へ行くほど大きな物が多くなります。日本食の出汁として欠かせないコンブは海流の影響もあり、日本の北部でしか生育しないことから、鎌倉時代中期以降から、コンブの交易船が北海道の松前と本州の間を盛んに行き交うなど、各地域の大型藻類の違いが地域特有の産業を生むきっかけにもなっています。

　近年は、大型藻類だけでなく、微細藻類も期待を集めています。微細藻類は大

型藻類に比べて、海面・海上・砂漠など場所を選ばずに培養できる、油脂やタンパク質などの特定の成分を含有させることができるなどの特徴があります。こうした点を活かして、健康食品・タンパク質源などの食品用途に加えて、医薬品、化粧品、燃料・エネルギーなどの用途としても期待されています。

　1種の藻類に多様な栄養素が含まれ、また、藻類の種類ごとに含まれる成分が異なる点も特徴的です。例えば、スピルリナは、乾燥重量当たり70％ものタンパク質に加え、60種類以上の成分を含んでいます。ユーグレナは、59種類の栄養素を含む上、ユーグレナ特有の成分である「パラミロン」を作り出します。そのほかにも、若返り効果がある抗酸化作用をもつアスタキサンチンを作るヘマトコッカスや、βカロテンを作るドナリエラなどの有用成分が多様な藻類に含まれています。

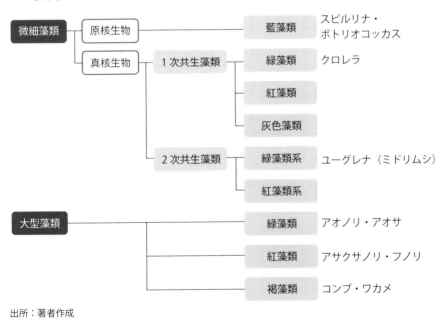

出所：著者作成

図10-1　藻類の分類

Point

● 食用藻類は大型藻類と微細藻類に大別
● 近年、微細藻類の有用成分を活かしたビジネスが急拡大

食用藻類の培養技術

藻類の特徴に応じた培養方法

　食用藻類の養殖・培養技術を、大型藻類と微細藻類に分けて見ていきましょう（図10-2）。

　私たちの食卓に並んでいる大型藻類には、海面漁業と海面・陸上養殖によるものがあります。私たちになじみ深いコンブでは、漁業約60％、養殖約40％の割合となっています。日本では、1950年代より大型藻類の養殖技術に関する研究開発が進められてきました。世界に目を向けると、2000年代以降、中国、インドネシアなどのアジア圏でも盛んに養殖が行われています。一方、東アジアの一部とヨーロッパのごく一部以外の地域では食材としての馴染みがないため、食用ではなくゲル化剤、増粘安定剤などの工業用途に使われるカラギナンの原料となるキリンサイ類などの養殖技術開発が盛んです。

　大型藻類の養殖は、生産する種類や気候に応じて、さまざまな方法があります。多くの場合、胞子をロープや網に付着させて採苗し、いかだやロングラインを用いて海に吊るしたり、干潟、浅瀬の支柱に設置したりします。また、近年では、海洋深層水を利用した陸上養殖の技術開発も行われています。地下海水は年間を通じて温度が安定していて、通常の海水よりもミネラル分の多いことが特徴です。

　次に微細藻類の培養方法を見ていきましょう。藻類の培養条件には、①独立栄養培養（炭素源として二酸化炭素（CO_2）を利用）②従属栄養培養（炭素源としてグルコースなどの有機物を利用）③混合培養（独立栄養型・従属栄養型の両方で培養）の3種類があります。独立栄養型では、グルコースなどの炭素源を用いない点でコスト削減が期待できますが、生産量の上限が日射量や温度に依存することから、日本のような温帯地方では独立栄養だけでは生産性が低くなる傾向にあります。そこで、独立栄養型と従属栄養型を同時に行わせる混合培養が採用されるケースも見られます。

　培養層の形態は、第1世代のオープンポンドシステム、第2世代のフォトバイオリアクター、第3世代の担持体培養と変遷してきました。現在、多くの事例で

第1世代・第2世代の培養層が用いられていますが、培養密度が低く、培養した藻類の回収に費やすコストが高いことが問題として挙げられています。一方、第3世代の担持体培養は、高密度に培養でき、培養した藻類を掻き取り、水洗いといった簡単な作業で回収することができることから、生産効率を大幅に向上できます。担持体培養を用いた大規模な培養は、今後の実用化に向けて期待を寄せられています。

　また、微細藻類の培養では、コンタミネーション（ほかの生物の混入）を生じさせないために、藻類の種類の選択や環境づくりが重要となります。藻類には、高塩類濃度の塩基性条件下での培養に適しているスピルリナや、海水下での培養に適しているナンノクロロプシスなどが存在します。特定の種に適した環境を探索／構築し、コンタミネーションを防ぎながら対象となる藻類のみを効率良く培養することがポイントとなります。

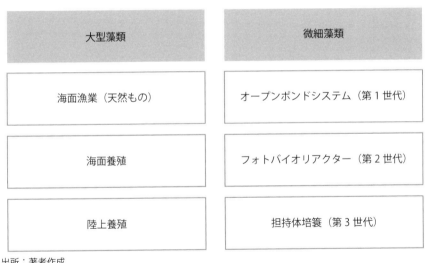

出所：著者作成

図10-2　藻類の主な生産・培養方法

Point
- 食用の大型藻類の養殖技術は日本の得意分野
- 微細藻類の培養技術が急速に進歩。第3世代の担持体培養の実用化に期待

59 食用藻類の機能性

藻類にしかない特有の機能も

　藻類は食べておいしいのはもちろん、さまざまな栄養素を含んでいることから私たちの健康に欠かせない食べ物となっています。藻類に含まれる主要な成分としては、**表10-1**に示す通り、食物繊維（フコイダンなど）、ミネラル（鉄、カルシウム、ヨウ素、マグネシウム、カルシウム、リン、カリウム）、ビタミン類、カロテノイド（フコキサンチン、アスタキサンチン）、脂肪酸（EPA・DHAなど）などが挙げられます。このように藻類は多様な栄養素をバランス良く含んでいることが健康面における魅力の1つです。

　藻類の有用成分として、食物繊維のフコイダン、カロテノイドのフコキサンチン、脂肪酸のEPAなどが注目されています。フコイダンとはモズク、ワカメ、コンブ、メカブといった褐藻類のぬめり成分で、水溶性食物繊維の一種です。抗がん作用、コレステロール低下作用、血圧低下作用などの多くの生理機能が研究によって解明されています。また、フコキサンチンは、褐藻類に特有の鮮橙色の色素で、人工的に作り出すことができない成分です。フコキサンチンには、肥満症や糖尿病の予防効果、抗酸化作用があります。

　EPAも藻類が合成する健康に良い成分の1つです。EPAというとイワシなどの青魚を連想する方が多いかもしれませんが、実は大型藻類に含まれているEPAを青魚が餌として食べて蓄えているからこそ、青魚にはEPAが豊富に含まれているのです。EPAは、熱に弱く酸化しやすい特徴を持つため、生で摂取するのが推奨されています。

　また、海藻由来の糖質であるフコースが機能性表示食品（内臓脂肪の減少に効果）として販売されるなど、新たな有用成分が次々と商品化されています。

　続いて、身の回りの大型藻類の種類ごとに含まれる成分を整理しましょう（**表10-2**）。ワカメには、ヨウ素、ビタミン、マグネシウム、カリウム、食物繊維などが豊富に含まれています。カリウムは余分な塩分や老廃物を排出する働きがあり、味噌汁などに入れるのが手軽で効果的です。続いてノリは、ビタミンとミネラルが豊富です。特に、抗酸化作用のあるビタミンAが豊富で、水溶性ビタミ

ンの葉酸やビタミンB12も多く含まれます。次にヒジキは、ヨウ素や食物繊維のほか、貧血予防に役立つ鉄分、カルシウムを多く含んでいます。日本人になじみの深いコンブはヨウ素、タンパク質、グルタミン酸を含んでいます。コンブのグルタミン酸と、肉や魚に多く含まれるイノシン酸と組み合わせた出汁は日本食に欠かせない存在です。

表10-1　藻類に含まれる成分

食物繊維	フコイダン、パラミロン
ミネラル	鉄、カルシウム、ヨウ素、マグネシウム、カルシウム、リン、カリウム
ビタミン類	ビタミンA、ビタミンC、ビタミンE
カロテノイド	フコキサンチン、アスタキサンチン
脂肪酸	EPA、DHA

出所：著者作成

表10-2　大型藻類の種類ごとの主な成分

大型藻類の種類	主な成分
ワカメ	カルシウム、鉄分、ビタミンK、マグネシウム、食物繊維
ノリ	ビタミンA、ビタミンB12、葉酸、グルタミン酸、イノシン酸
ヒジキ	カルシウム、鉄分、食物繊維、ヨウ素
コンブ	カルシウム、鉄分、タンパク質、ナトリウム、カリウム、ヨウ素、アルギン酸、フコイダン

出所：文部科学省「食品成分データベース」をもとに著者作成

oint

● 藻類は食物繊維、ビタミン、ミネラルなどの多様な栄養素を豊富に含む健康志向に合致した水産物
● 有用成分を多く含む種は、サプリメントの原料としての存在感も

60

藻類の医薬品・健康食品
への利用

期待される新たな展開

　藻類は食品として食卓を支えるのみならず、医薬品としての利用にも注目が集まっています。医薬品原料や機能性原料を藻類などの生物の働きによって製造する領域を「レッドバイオ」と呼びます。

　医療品分野では、従来主流であった低分子化合物を用いた新薬が頭打ちになり、2010年前後を境に特許切れが相次いだことから、タンパク質性のバイオ医薬品の需要が高まっています。実際、2017年には、世界の医薬品の売上高上位10品目中6製品をバイオ医薬品が占めています。

　バイオ医薬品の製造方法として、従来は微生物や動物培養細胞の活用が主流でしたが、製造コストが低い、毒素やウイルスなどの混入が少ないなどの理由から、藻類をはじめとする植物を用いる研究も活発に行われています（**表10-3**）。バイオ医薬品を合成するにあたり、高等植物を用いた場合には、目的のタンパク質を作るように遺伝子改変した植物体を得るまでの開発や生産に数年程度の長期間を要することが課題でした。そんな中、アメリカのScripps Research Instituteは、微細藻類を用いることにより、形質転換体の取得期間を3カ月程度にまで短縮できる可能性を示しており、医薬品分野においても藻類への期待が高まっています。

　また、健康食品としての用途も脚光を浴びています。フードテックがブームとなる中で微細藻類は将来的な「タンパク質源」として期待されていますが、足元では先に「健康食品」としての市場が拡大しています。その背景には、世界的な医療費の高騰への対応策として、予防医療に注目が集まっていることがあります。

　対応策として、栄養バランスに優れた藻類そのものを錠剤・粉末化した商品や、特定の栄養素を抽出したサプリメント製品の需要も高まっています。日本では2015年に消費者庁が設けた「機能性表示食品」制度が後押ししていると考えられます。機能性表示食品は、ヒトを対象とした臨床実験が不要であり、承認を得るまでの期間も比較的短いため、従来の特定保健用食品（トクホ）よりも簡易に活用できる制度です。実際に、藻類食品の中でも、ユーグレナ由来のパラミロ

ンを用いた製品が、2020 年に株式会社ミカレア、2021 年に株式会社ユーグレナによって機能性表示食品として届け出されています。

　微細藻類だけではなく、大型藻類も健康食品として利用されています。コンブ由来の抗アレルギー作用・免疫力向上効果が期待できるフコイダン、アカモク由来の脂肪燃焼・抗酸化作用などの効果があると言われるフコキサンチンなどが代表例です。

　現状、大型藻類・微細藻類の中でも医薬品や健康食品として利用・摂取されているのはごく一部に限られ、さらに上手く培養できる種類も限られます。今後、新たな機能性成分を保有する藻類を探索し、培養できるようにすることで、予防・治療できる病気・疾患の幅も広がると期待されます。

　大型藻類は、海水温上昇や海流の変化によって消失してしまう恐れもあることから、海洋の生態系を維持していくことが、私たちの健康を守っていくことに間接的につながっていると言えます。

表10-3　バイオ医薬品、植物（藻類を含む）を活用した医薬品生産の位置付け

	従来の医薬品	バイオ医薬品
大きさ （分子量）	100〜	約 1 万〜（ホルモンなど）― 約 10 万〜（抗体）
製造方法	化学合成	微生物や細胞内で合成
特徴	●適用できる病気に 　制限あり ●安定 ●低コスト	●新規の病気への効果も期待 ●不安定（微生物や細胞の状態で生産物が変わり得る） ●高コスト（高度な技術・大規模な設備が必要）
		植物（藻類を含む） の活用により 2 点 を克服　｜　①製造コスト低減 ②毒素・ウイルスなどのコンタミネー 　ションリスクの低減

出所：厚生労働省「バイオシミラーの現状」などをもとに著者作成

Ｐoint
- 「レッドバイオ」に新たなビジネスチャンスあり
- 藻類由来の有用成分を活かしたサプリメント、機能性表示食品が続々と市販化
- 「海」を守ることが「ヒトの健康」を守ることにつながる

61

藻類とアンチエイジング化粧品

藻類の魅力活用と地域産業連携が事業継続のポイント

　美容ニーズの高まりを受けて、藻類に含まれる機能性成分を用いたアンチエイジング化粧品が次々と登場しています。化粧品の国内市場は、経済産業省の「生産動態統計」によると、出荷金額1兆6,942億円（2018年の出荷実績）で前年比105.2％と拡大傾向にあります。

　微細藻類由来の製品の中でも、化粧品は付加価値が高く、高価格で販売できるため、現在の生産規模が小さく、かつ生産コストが比較的高い微細藻類のマーケット立ち上がり期において、先行的に事業化が進んでいる領域です。微細藻類を活用した燃料・エネルギー市場への展開を狙う事業者も、まずは化粧品や前述の食品分野から先行して事業化を進め、その経験と獲得した資金にて燃料・エネルギー市場の立ち上がりを支えるケースも多くあります。

　化粧品原料としてアンチエイジング効果が期待される成分を見ていきましょう。代表的なものとして、微細藻類のユーグレナに含まれる成分であるパラミロン、ヘマトコッカスが合成するアスタキサンチンなどが挙げられます。大型藻類においては、抗アレルギー作用・免疫力向上・がん抑制などの効果が期待できるフコイダン、脂肪燃焼・抗酸化作用などの効果があるフコキサンチンなどは健康食品でも利用されています（**表10-4**）。

　上述の通り、化粧品市場は比較的高単価で収益化を図りやすい市場でもありますが、競合となる製品も多数存在するため、藻類が持つ成分に注目して機能性を打ち出すことも重要になります。

　1つの例として、富士フイルム株式会社が展開するヘマトコッカス藻由来のアスタキサンチンを活用した「アスタリフト」という化粧品ラインが挙げられます。「商品名は聞いたことがあるけれども、藻類が使われているとは知らなかった」という方も多いのではないでしょうか。このように必ずしも「藻類」というワードを表に出さずとも、その機能性を示していくことが利用者を増やす1つの策となります。ユーグレナ社が展開する化粧品ブランドである「B.C.A.D」や「one」などのスキンケアシリーズも藻類の名称は表に出さず、化粧品事業の展

開を大きく進めています。

　地域の産業や環境との関わりから考えていくこともポイントとなります。地域産業と連携した例として、佐賀市と株式会社アルビータの取り組みがあります。両社は2014年にバイオマス資源活用協定を締結し、佐賀市の製糖工場から供給されるCO_2をヘマトコッカス藻の培養に用い、抽出されたアスタキサンチンを用いた化粧品を地域内の店舗で販売するという地域に密着した取り組みを展開しています。SDGs（持続可能な開発目標）への対応が重視される中、このような地域内のCO_2の有効活用と藻類を起点とした産業創出モデルが、今後各地で活発化していくと期待されます。

　また、漁業や海面養殖が主流の大型藻類に関しては、フコキサンチンを含むアカモクや、フコイダンを含むコンブなどが、海水温の上昇により十分に量が確保できなくなる恐れがあります。今後は、生態系の維持や新たな培養方法の開発を合わせて考えていくことが重要です。

表10-4　アンチエイジング化粧品に用いられる主な成分

成分	主な効果・機能
パラミロン	副交感神経の活動向上、免疫力維持・向上、生活習慣病の予防
アスタキサンチン	眼精疲労の改善、動脈硬化の予防、疲労回復
フコイダン	抗アレルギー作用、免疫力向上、がん抑制
フコキサンチン	脂肪燃焼、抗酸化作用

出所：著者作成

oint

● アンチエイジング化粧品での藻類の有用成分の利用が加速
● 藻類を前面に打ち出していないが、藻類成分を活かしたヒット化粧品が続々と登場
● 地域で発生したCO_2を有効活用する、SDGsを意識する地域密着型藻類ビジネスに活路あり

62

藻類の燃料・エネルギーへの活用

急速に需要が拡大する航空燃料

微細藻類を燃料やエネルギーに活用する動きも活発化しています。バイオ燃料はこれまでも第1世代・第2世代と注目されてきましたが、微細藻類由来バイオ燃料は、食料との競合を避けられること、ガソリン・軽油との混合比率の制限が少ないこと、航空燃料として利用ができることから「次世代バイオ燃料」として期待が寄せられています（**表10-5**）。

微細藻類を用いて燃料・エネルギー源を合成する場合、バイオディーゼルや航空燃料などの選択肢があります。特に近年は、航空燃料への利用が活発化しています。その背景には、航空業界において国際線に関して、国連の下部組織である国際民間航空機関（ICAO）や、国際民間航空の団体である国際航空運送協会（IATA）が、CO_2排出削減のための目標や対策を発表し、IATAが2050年にCO_2を2005年（4億トン）比で50％削減する目標を掲げるなど、国際的な脱炭素の圧力が強まっていることがあります。

具体的な対策として、機体の軽量化や運航管理の効率化が進められている中で、新たな取り組みとして、CO_2削減効果がきわめて高い持続可能な航空燃料（SAF）への期待が高まっています。SAFとは、廃棄物、バイオマス、廃食油中の炭素・水素などを原料とする、ライフサイクル全体でのCO_2排出量が既存のジェット燃料に比べて小さい燃料を指します。米国試験材料協会（ASTM International）が策定するASTM規格の認証を取得したSAFは、既存のジェット燃料と同等とみなされ、既存インフラで使用することができます。

国際規格ASTM D7566では、SAFは原料と製造方法の組み合わせにより7つのAnnexに分類され、従来燃料との混合上限比率が規定されています。また、CO_2削減効果が認められるためには、ICAOによるCORSIA適格燃料としての認証取得も必要となります。

こうした中、国内においても2021年12月には、航空機運航分野におけるCO_2削減に関する検討会において取りまとめられた「航空の脱炭素化推進に係る工程表」において、2030年時点で「本邦エアラインによる燃料使用量の10％をSAF

に置き換える」という目標が設定されました。このようにSAFへの期待感が高まる中、新たなビジネスチャンスをつかむべく、ユーグレナ社、株式会社IHI、株式会社デンソーなどの民間企業が、政府や国立研究開発法人新エネルギー・産業技術総合開発機構（NEDO）などの事業において研究開発や実証実験を進めています。

ユーグレナ社は、2020年1月にバイオ燃料製造実証プラントに導入しているBICプロセスが国際規格ASTM D7566の新規格を取得すると、同年2月には国土交通省からの通達にて国内での使用も可能になりました。2021年には、ユーグレナ社は、同実証プラントで製造されたバイオジェット燃料を使用した初のフライトに成功するなど、実装に向けた歩みを着実に進めています。

さらに、IHIなどが微細藻類ボツリオコッカス・ブラウニーから生産した粗油（炭化水素を主成分とする）を水素化処理で合成したバイオジェット燃料が、ASTM D7566 Annex7という新たな規格を取得しました。このように、国際的な圧力が強まる航空燃料生産において微細藻類を中心とする藻類が活躍の場を広げています。

表10-5　世代別バイオ燃料

	食料との競合から見た需要性	ガソリン・軽油の代替	ジェット燃料の代替
第1世代バイオ燃料 可食部バイオエタノール／ディーゼル	×	△ 混合比率に制限	×
第2世代バイオ燃料 非可食部セルロース系バイオエタノールなど	○	△ 混合比率に制限	×
次世代バイオ燃料 炭化水素系バイオ燃料	○	○ 混合比率制限を克服	○

出所：NEDO TSC Foresight「次世代バイオ燃料（バイオジェット燃料）分野の技術戦略策定に向けて」をもとに著者作成

Ｐoint
- 藻類の新たなビジネスチャンスとしてSAFに着目
- バイオジェット燃料は現場でのテスト利用段階に
- 今後の拡大には航空会社が国際的な目標に合わせて積極的に導入を進めることがポイント

SAFに関するASTM D7566の規格一覧（第10章62項）

規格	原料	製造技術	従来の燃料との混合上限
Annex1	有機物全般 （廃棄物・木質バイオマス）	ガス化・FT合成	50%
Annex2	生物系油脂 （動植物油脂・廃食油）	水素化処理	50%
Annex3	バイオマス糖	糖の直接還元	10%
Annex4	有機物全般 （廃棄物・木質バイオマス）	ガス化・FT合成	50%
Annex5	バイオマス糖・紙ごみ	アルコール触媒反応（ATJ）	50%
Annex6	生物系油脂 （微細藻類、廃食油）	触媒水熱分解	50%
Annex7	微細藻類	水素化処理	10%

出所：国土交通省航空局「航空分野におけるCO_2削減の取組状況（参考資料）」（2021年4月）をもとに著者作成

第 **11** 章

スマート水産業を
加速させる
最新トレンド

63 環境への配慮を盛り込む「みどりの食料システム戦略」

水産分野でも高まる環境意識

SDGs（持続可能な開発目標）や環境への対応が重要となる中、農林水産業においては農林水産省が2021年に「みどりの食料システム戦略」を公表しました。この戦略では、2050年までに目指す姿として、農林水産業のCO_2ゼロエミッション化の実現、化学農薬の使用量をリスク換算で50%低減、化学肥料の使用量を30%低減、耕地面積に占める有機農業の取り組み面積を25%（100万ha）に拡大といった目標が掲げられています。

また、農業分野よりも分量は少ないものの、水産分野においても目標と方策が示されています。大目標では、漁獲量目標と養殖の拡大が掲げられています。前者については、「2030年までに漁獲量を2010年と同程度（444万トン）まで回復させることを目指す」とされています。後者については、「2050年までにニホンウナギ、クロマグロ等の養殖において人工種苗比率100%を実現することに加え、養魚飼料の全量を配合飼料給餌に転換し、天然資源に負荷をかけない持続可能な養殖生産体制を目指す」と示されています（図11-1）。近畿大学によるクロマグロの完全養殖が有名ですが、これからの約30年でマグロやウナギの養殖のすべてが人工種苗になり、天然ものの資源量への依存から脱却できるようになります。

加えて、個別の施策においては、養殖業における環境負荷低減がうたわれています。養殖では人為的に餌を供給していますが、適切な量を上回る給餌を行うと、その残りが水質汚濁を引き起こします。対策として第6章34項で紹介したスマート給餌システムの実用化が進められています。また、対象となる水産物を狭い場所で高密度に養殖を行うと、排せつ物による水質汚濁や病気の発生のリスクが高まってしまいます。そこで浮沈式大型生け簀を導入した大規模沖合養殖による、低密度で効率的な養殖手法の推進を図っています。

また、第7章で紹介した地域の特産品の残渣を活用したフルーツ魚もこの戦略の方向感と合致した取り組みと言えます。農業残渣や食品廃棄物を減らすという環境面に加え、残渣の種類によっては輸入飼料や天然飼料（魚粉など）の代替に

なるものであり、食料安全保障の観点での効果も期待されます。

このように、みどりの食料システム戦略では農業分野が温室効果ガスや化学農薬の削減といった環境負荷低減が主眼であるのに対して、水産分野では環境負荷に加えて資源保護の観点が色濃く出ていることがわかります（**図11-2**）。

生態系を守ることがビジネスに直結する点が農業との大きな違いであり、本来は農業分野よりも対策を進めやすい状況にあることを踏まえると、本戦略内でもっと具体策を提示した方が良いという印象を受けます。

| 漁業・養殖業 | 2030年までに漁獲量を2010年と同程度（444万トン）まで回復させることを目指す（参考：2018年漁獲量331万トン） |
| | 2050年までにニホンウナギ、クロマグロなどの養殖において人工種苗比率100%を実現することに加え、養魚飼料の全量を配合飼料給餌に転換し、天然資源に負荷をかけない持続可能な養殖生産体制を目指す |

出所：農林水産省

図11-1　みどりの食料システム戦略が2050年までに目指す姿と取り組み方向

〈KPI〉　　　　　　　　　　　　　　現在　　　　2030年　　　　2040年　　　　2050年

温室効果ガス削減	①農林水産業の CO₂ ゼロエミッション化（2050） ②農林業機械・漁船の電化・水素化など技術の確立（2040） ③化石燃料を使用しない園芸施設への完全移行（2050） ④わが国の再エネ導入拡大に歩調を合わせた、農山漁村における再エネの導入（2050）	新技術の開発（燃料電池、代替燃料、蓄熱・放熱効率化など）　新技術の普及 既存技術の普及（ヒートポンプ、再エネ導入など）
環境保全	⑤化学農薬使用量（リスク換算）の50%低減（2050） ⑥化学肥料使用量の30%低減（2050） ⑦耕地面積に占める有機農業の割合を25%に拡大（2050）	新技術の開発（スマート施肥、除草ロボット、低リスク農薬、総合的病害虫管理の高度化など）　新技術の普及 既存技術の普及（土づくり、総合的病害虫管理、堆肥の広域流通、栽培暦の見直しなど）
水産	⑬漁獲量を2010年と同程度（444万トン）まで回復（2030） ⑭ニホンウナギ、クロマグロなどの養殖において人工種苗比率100%を実現（2050） 養魚飼料の全量を配合飼料給餌に転換（2050）	水産法令など個別法で対応（資源管理ロードマップにもとづく推進、人工種苗・配合飼料等の開発など）

出所：農林水産省

図11-2　みどりの食料システム戦略のKPIとマイルストン（抜粋）

oint

- みどりの食料システム戦略では、環境負荷低減と天然資源の保護の2本柱
- スマート養殖や資源循環型飼料といった最新技術に脚光。今後の政府による積極的なバックアップが期待される

食料安全保障リスクの増大

養殖用国産飼料の技術開発が急務

　2021年以降、気候変動による天候不順、新興国における食料需要の増加、新型コロナウイルスの拡大、国際情勢の不安定化などの影響を受け、さまざまな輸入農産物の価格高騰や品不足が発生し、食料安全保障（フードセキュリティ）への関心が高まっています。この波は水産業にまで届いています。

　現状の食料自給率（令和元年度）を見てみると、農林水産物全体では、カロリーベースで38％、金額ベースで66％であり、その中で水産物（魚介類）に関しては、カロリーベース55％、金額ベース46％となっています。

　経済成長が著しい新興国では、人口増加と経済発展を受けて食料需要が急増しており、世界的な食料需給のバランスが崩れてしまうリスクが表面化しつつあります。特に消費者のヘルシー志向に合致した水産物については、需要の増加が顕著となっています。一方で、水産物の供給側は多くのリスクをはらんでいます。世界的な魚人気に引っ張られて天然資源を過度に漁獲すると、資源枯渇リスクが高まってしまうからです。

　従来は、日本の高い購買力をもとに、世界各地から高品質な水産物を調達することができましたが、近年の価格高騰や欠品の多発からは、そのような輸入依存の戦略が徐々に限界に近付いていることが感じられます。実際、マグロをはじめとする高価な水産物においてはグローバル市場で日本が中国などに買い負けるケースも散見されます。

　一方で、第3章で示した通り、日本における水産物の需要は減少傾向にあるものの、今後も重要な食材であることは間違いありません。特に有事のリスクにおいては畜産物によるタンパク質供給が厳しい状況に陥ることが想定される中、貴重なタンパク源としての役割が期待されています。

　国際的な資源管理の中で持続的な漁業を行うとともに、養殖業の推進による安定的な国産水産物の供給体制の強化がいっそう重要となっています。ただし養殖業に関しては、食料安全保障のリスクが顕在化した際には魚粉などの輸入飼料の供給が大幅に落ち込むことを織り込んでおかねばなりません（図11-3）。農産物残

渣を活用した資源循環型養殖の拡大、飼料効率の高い陸上養殖の普及推進、輸入魚粉の代替となる藻類飼料や水素細菌飼料の商業化などの方策が求められています（**図11-4**）。

　種苗の確保も問題を抱えています。ニホンウナギやマグロにおいては、天然の稚魚の安定的な確保が難しくなっており、人工的に育てた稚魚（人工種苗）を用いる完全養殖へのシフトが求められています。卵の孵化から稚魚の育成は、成魚の養殖以上にデリケートで高度な技術が必要ですが、政府による研究開発支援により、いくつかの魚種では安定的な人工種苗が実現しています。

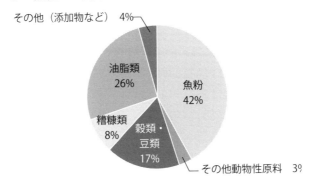

出所：水産庁資料

図11-3　配合飼料の組成

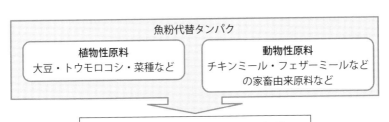

出所：農林水産省「みどりの食料システム戦略」

図11-4　魚粉を使用しない配合飼料に関する研究方針

Ⓟoint

● 水産業においても「食料安全保障」がキーワードに

● 国産飼料、人工種苗といった「供給の安定性」の取り組みが不可欠

研究開発が加速する"ブルーカーボン"

　水産業における温室効果ガス削減は、排出抑制と吸収・固定の2つに大別されます。それぞれの特徴について見ていきましょう。

　排出抑制は省エネルギー技術の活用やバイオマスエネルギーなどの再生可能エネルギーの導入により、水産業を営む上で発生する二酸化炭素（CO_2）などの温室効果ガスを削減するものです。エコ運航の推進、漁船の定期的な清掃による抵抗削減による燃費向上、ポンプや冷凍機のインバータ制御といった基本的な取り組みに加え、漁船の電化や集魚灯のLED化なども推進されています（図11-5）。

　従来の漁船は化石燃料を用いていましたが、最新の取り組みでは水素燃料電池とリチウムバッテリを動力とする、環境に優しい漁船の開発が進んでいます。ただし、一般の乗用車のようにハイブリッド車、電気自動車、水素自動車といったエコな製品が次々と実用化されているわけではなく、今後の普及が期待されている段階にとどまります（農業分野で農機のエコ化の進展が遅いのと同様）。

　一方で後者は、大気や排ガス中に含まれるCO_2を生物により吸収・固定するものです。農林水産業分野でのCO_2の吸収・固定においては森林の機能が最も知られていますが、最新の研究では水産分野の海藻類などによるCO_2の吸収・固定が着目されています。このように「藻場・浅場などの海洋生態系に取り込まれた炭素」は「ブルーカーボン」と呼ばれています（2009年に国連環境計画（UNEP）によって命名）。

　ブルーカーボン生態系は、主に①海草藻場 ②海藻藻場 ③塩性湿地・干潟 ④マングローブ林の4種類に大別されます。このうち日本でフォーカスされているのは海草藻場と海藻藻場です（図11-6）。なお、海草（sea grass）は種子植物で水草の一種であり、非食用のアマモやスガモなどが挙げられます。一方で海藻（seaweed）は藻類で、コンブ、ワカメ、ノリ、ヒジキなどが代表例です。

　ブルーカーボンのメカニズムは、①大気中のCO_2が海藻や海草の光合成によって取り込まれ、有機物として隔離・貯留する ②さらにそれが枯死した後に海底に堆積するなどとなっており、藻場を適切に管理することでCO_2の吸収・固定量

を増やすことができると考えられています。

漁船の電化・燃料電池化	・衛星利用による漁場探索の効率化、グループ操業の取り組み、省エネ機器の導入 ・蓄電池とエンジンなどのハイブリッド型の動力、CO_2 排出量の少ないエネルギーの活用（研究段階） ・国際商船や作業船などの漁業以外の船舶の技術の転用・活用
漁港・漁村のグリーン化の推進	・漁港施設などへの再生可能エネルギーの導入促進や省エネ対策の推進、漁港や漁場利用の効率化による燃油使用量の削減 ・効果的な藻場・干潟などの保全・創造、海藻類を対象として藻場の CO_2 固定効果の評価手法の開発

出所：水産白書をもとに筆者作成

図11-5　水産白書で示されたカーボンニュートラルに関する取り組み

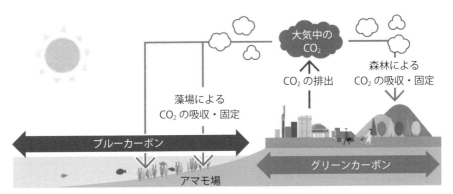

出所：福岡県

図11-6　ブルーカーボンとグリーンカーボン

Point

● CO_2 の削減と吸収・固定の両面からアプローチ

● 新たな温暖化対策としてブルーカーボンに脚光。これまで水産と関わりの薄かった企業の参入も

66 世界で注目される ブルーエコノミー

スマート水産業でサステナブルな成長を

　環境に配慮した活動を「グリーン」と呼ぶのに対し、海に関連して「ブルーエコノミー」という言葉があります。2012年頃、国連と太平洋やカリブ海などの島国を中心に、海洋の生態系システムを保全しながら経済的な発展を目指す立場から始まりました。

　その後、経済協力開発機構（OECD）や世界銀行といった国際機関のほか、海洋と深い関係のある国々を中心に、海洋と密につながっている経済活動を総称して「ブルーエコノミー（またはオーシャンエコノミー）」と呼ぶようになっています（**表11-1**）。

　例えば欧州連合（EU）では、海洋がもつ可能性や潜在能力を活用するブルーエコノミーを通じて、さらなる技術革新や持続的成長を目指すという姿勢を示しています。毎年、域内の雇用者数や域内総生産（GDP）などを調査しており、おおよそ500万人、GDPの約4％を生み出しているとしています。

　海洋は、地球上の約7割を占め、生命の誕生から今日まで、酸素の生成、CO_2の吸収、栄養素の循環などを通じて、地球上の生命を支え続けています。人間の交流や貿易とも切り離せません。けれども、気候変動やそれに伴う酸性化・水温上昇、水産資源の枯渇、藻場・干潟・サンゴ礁の喪失、化学物質やプラスチック廃棄物による汚染など、大規模で深刻な問題に直面しています。

　これらの海のサステナビリティに関する問題には、国際レベルから地域レベルまでの規制や、認証などの市場による対応が始まっています。こうした動きは、事業存立の危機やコスト負担増加になる反面、新たなビジネス機会にもなります。

　さまざまな種類の投資家が、ブルー分野での投資ファンドを立ち上げ、持続可能な水産業や、脱炭素技術（洋上風力やほかの海洋由来の再生可能エネルギー、海運や漁業に関する省エネルギー）、環境汚染の防止などに特色のある企業への投資を始めています。

　今後、マングローブ林の保護保全、海運の脱炭素化、持続可能な水産、洋上発電といった分野に投資を行えば、経済的な価値、環境的な価値、それに健康への

好影響で数倍のリターンが期待できるとする試算[1]もあります（**図11-7**）。

　スマート水産技術が、海洋環境の状態や、働く人の健康などに好影響を及ぼすことを示せれば、良い方向で「インパクトを創出している」と評価されやすくなると言えます。

※1　試算：世界資源研究所（2020）"A Sustainable Ocean Economy for 2050, Approximating its Benefits and Costs"

表11-1　ブルーエコノミーの主な分野

水産・食料関連	漁業
	養殖
	水産加工
エネルギー	海底の非生物資源
	洋上風力、その他再エネ
インフラ・機械	港湾・水インフラ
	造船・修繕
	海洋関連設備
海運	外航・内航
観光	海上・沿岸観光
環境保全	マングローブやサンゴ礁の再生、沿岸保全、プラスチック対策　など

出所：筆者作成

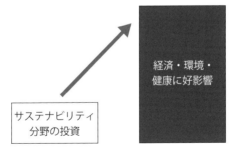

出所：世界資源研究所の資料をもとに筆者作成

図11-7　サステナブルなブルー分野での投資への期待

Point
- 国際的にブルーエコノミーへの注目度が向上。一種のブームに
- スマート水産業がもたらす多面的な効果にフォーカス

消費者に価値を伝えるデジタル技術

直接的なつながりで"参加"を促す

　スマート水産業におけるデジタル技術の活用は、主に第5〜7章で紹介してきた漁獲、養殖などの生産段階での活用が先行して進んでいますが、最近は活用範囲がフードチェーン（農林水産物の一次生産から最終消費までの流れ。生産・加工・流通・保管・販売から構成される）全体に広がりつつあります。

　農林水産物の流通は、物流（モノの流れ）・商流（売買活動の流れ）・情報流（情報の流れ）から成り、それぞれにおいてデジタル技術の活用が進んでいます。その代表例が、水産物のインターネット販売です。インターネット販売では、デジタル技術を駆使して商流や情報流を効率化、高度化することに成功しています。第7章で紹介した地域特産の柑橘とその残渣を餌にしたフルーツ魚の鍋セットなどは、現地に旅行できなくても家庭で疑似的に地域の料理を体験できるものであり、そのような商品のインターネット販売では地域の情報、ストーリーが積極的に発信されています。

　情報流においてはSNSの活用が盛んです。水産物のシンプルな規格情報のみならず、漁獲の際の動画、漁師のコメント、珍しい魚種の紹介、お勧めの調理方法などのストーリーを付加し、消費者にリアルタイムに伝えています。これらのインターネット販売やSNSによる発信は、第7章45項で紹介したモノ消費、コト消費、イミ消費を、デジタル技術を用いて喚起した事例と位置付けられます。

　物流のデジタル化では、水産物の物流プロセスを追跡するトレーサビリティシステムが実用化されています。このシステムを活用することで、近年問題が続発している産地偽装、偽特産品のリスクを防止することが可能となります。

　また、鮮度の見える化技術も注目度の高い技術です。漁獲時刻、輸送・保存方法（温度管理データ）などをもとに現時点での鮮度を数値化する技術では、消費者に水産物の鮮度をわかりやすく伝えることができ、水産物の付加価値向上につながります。さらに鮮度情報とダイナミックプライシング[※1]と組み合わせれば、売れ残りを減らせてフードロス削減にもつながると期待されます。なお、鮮度の見える化に関しては、農林水産省が輸出促進のために、魚類の鮮度見える化の新

たな試験方法を日本農林規格（JAS）で制度化する方針を示しています。

　イミ消費では、特に環境価値の伝達が重要となります。IoT（モノのインターネット）などを活用して農林水産物のカーボンフットプリント（生産から消費までのCO_2排出量）をはじめとした環境負荷を定量化する試みがなされています。しかし、単なる環境負荷の数字だけではエシカルな消費者から十分な評価を得られていない状況であり、情報の伝え方のさらなる工夫が求められています。

　価値訴求の手法は、農産物で先行して検討が進んでいます。日本総合研究所が提唱するCAV（Communication of Agricultural Value）モデルでは、既存規格で表現しきれない食味、栄養、簡便性、環境、社会などの項目を見える化し、消費者にわかりやすく伝える取り組みを進めています（**図11-8**）。将来的には、このような価値伝達の仕組みが水産物マーケットでも登場すると予想されます。

※1　ダイナミックプライシング：商品やサービスの価格を需要と供給の状況に合わせて変動させる手法。変動価格制、変動料金制などとも呼ばれる

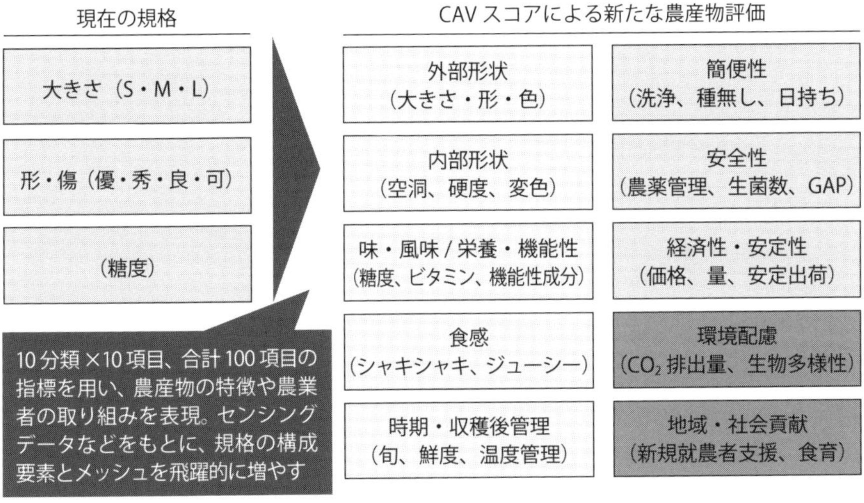

現在の規格	CAVスコアによる新たな農産物評価	
大きさ（S・M・L）	外部形状 （大きさ・形・色）	簡便性 （洗浄、種無し、日持ち）
形・傷（優・秀・良・可）	内部形状 （空洞、硬度、変色）	安全性 （農薬管理、生菌数、GAP）
（糖度）	味・風味／栄養・機能性 （糖度、ビタミン、機能性成分）	経済性・安定性 （価格、量、安定出荷）
10分類×10項目、合計100項目の指標を用い、農産物の特徴や農業者の取り組みを表現。センシングデータなどをもとに、規格の構成要素とメッシュを飛躍的に増やす	食感 （シャキシャキ、ジューシー）	環境配慮 （CO_2排出量、生物多様性）
	時期・収穫後管理 （旬、鮮度、温度管理）	地域・社会貢献 （新規就農者支援、食育）

出所：株式会社日本総合研究所作成

図11-8　農産物の価値表現の一例（日本総研が提唱する"CAVスコア"）

Point
- 鮮度の見える化技術など、水産物の価値を訴求する新たな手段が登場
- デジタル技術を駆使した、価値の総合評価と消費者への伝達がポイントに

〈編著者紹介〉

三輪　泰史（みわ　やすふみ）

株式会社日本総合研究所 創発戦略センター エクスパート

東京大学農学部国際開発農学専修卒業

東京大学大学院農学生命科学研究科農学国際専攻修士課程修了

農林水産省の食料・農業・農村政策審議会委員、国立研究開発法人農業・食品産業技術総合研究機構（農研機構）アドバイザリーボード委員長をはじめ、農林水産省、内閣府、経済産業省、NEDOなどの公的委員を歴任

主な著書に『図解よくわかるフードテック入門』『アグリカルチャー4.0の時代 農村DX革命』『IoTが拓く次世代農業 アグリカルチャー4.0の時代』『図解よくわかるスマート農業』『次世代農業ビジネス経営』『植物工場経営』『グローバル農業ビジネス』『図解次世代農業ビジネス』（以上、日刊工業新聞社）、『甦る農業－セミプレミアム農産物と流通改革が農業を救う』（学陽書房）ほか

〈執筆者紹介〉

前田　佳栄（まえだ よしえ）

株式会社日本総合研究所 創発戦略センター コンサルタント

東京大学農学部生命化学・工学専修卒業

東京大学大学院農学生命科学研究科応用生命工学専攻修士課程修了（農学生命科学研究科修士課程総代）

学生時代は植物バイオテクノロジーにより、シロイヌナズナの硝酸トランスポーター遺伝子の発現制御機構についての研究を実施。現在、農業生産データの活用や農業分野での気候変動適応策などに関する研究及び政策提言に従事するほか、農業関係の連載・講演および調査・コンサルティングを行う

福山　篤史（ふくやま　あつし）

株式会社日本総合研究所 創発戦略センター コンサルタント

大阪大学工学部環境・エネルギー工学科卒業

大阪大学大学院工学研究科環境・エネルギー工学専攻修士課程修了

学生時代は、微生物を用いたバイオプラスチック生産に関する研究を実施

バイオテクノロジーの普及・拡大に向けた寄稿・講演実績あり

村上 芽（むらかみ　めぐむ）

株式会社日本総合研究所 創発戦略センター シニアスペシャリスト

京都大学法学部卒業

日本興業銀行（現みずほ銀行）を経て、2003年より現職

内閣府「少子化社会対策大綱の推進に関する検討会」構成員、金融庁「脱炭素等に向けた金融機関等の取組みに関する検討会」メンバー、東京都環境審議会臨時委員、大阪府「SDGs有識者会議」メンバーなどの公的委員を歴任

主な著書に『図解SDGs入門』『少子化する世界』、共著に『日経文庫　SDGs入門』（以上、日本経済新聞出版）、『サステナビリティ審査ハンドブック』（金融財政事情研究会）、『SDGsの教科書』（日経BP）『行職員のための地域金融×SDGs入門』（経済法令研究会）など

新美　陽大（にいみ　たかはる）

株式会社日本総合研究所 創発戦略センター スペシャリスト

京都大学理学部卒業

東京大学大学院新領域創成科学研究科自然環境コース修了

エネルギー事業会社を経て、2015年より現職

気象予報士・防災士、東京農業大学非常勤講師

日本学術会議公開シンポジウム「気候変動適応に関する農業分野（民間）の取り組み」など、気候変動・エネルギー分野にて多数の講演・執筆実績あり

各務　友規（かがみ　ゆうき）

AUDER株式会社　代表取締役

北海道大学農学部卒業（総代）

大学卒業後、日本総合研究所・創発戦略センターにおいて、数多の新規事業創出に参画。自社主導のインキュベーションでは、プロジェクトリーダーとして自律多機能型農業ロボットの社会実装を推進し、民間企業5社の共同出資によるベンチャー設立を経験。現在は、同センターでの経験を活かし、AUDER株式会社を創業。同社代表取締役に就任

図解よくわかるスマート水産業
デジタル技術が切り拓く水産ビジネス

NDC660

2022年12月25日　初版1刷発行

定価はカバーに表示されております。

Ⓒ編著者　三　輪　泰　史
　発行者　井　水　治　博
　発行所　日刊工業新聞社

〒103-8548　東京都中央区日本橋小網町14-1
電話　書籍編集部　　　03-5644-7490
　　　販売・管理部　　03-5644-7410
　　　FAX　　　　　　03-5644-7400
振替口座　00190-2-186076
URL　https://pub.nikkan.co.jp/
email　info@media.nikkan.co.jp

印刷・製本　新日本印刷

図解よくわかるフードテック入門

三輪泰史 編著

定価2,420円（本体2,200円＋税10%）
ISBN978-4-526-08184-2

新興国や途上国を中心とした経済成長と人口増加、世界的な命題である温室効果ガスの排出削減などを背景に、国内外における農林水産業・食産業を取り巻く環境が激変している。課題が累積する中で"食×先進テクノロジー"である「フードテック」への期待が高まっている。

その中でも、特に注目されるのが代替肉、藻類食品、昆虫食、陸上養殖、植物工場、スマート育種など。ここに大きなビジネスチャンスが潜むと期待され、多くの企業や研究機関がフードテックの研究開発や事業化に取り組んでいる。

本書では、フードテックを構成する代表的な技術にフォーカスし、具体事例を中心に紹介。また、普及のためのポイントやビジネス化の際の注意点について解説する。

図解よくわかるスマート農業
デジタル化が実現する儲かる農業

三輪泰史 編著、日本総合研究所研究員 著

定価2,200円（本体2,000円＋税10%）
ISBN978-4-526-08047-0

農業法人化や企業の農業参入が活発になり、"儲かる農業"の成功事例が目立ち始めてきた。IoTやAIにロボットなどを活用した「スマート農業」が実用段階に入り、農業のイノベーションが加速している。そこで、本書ではスマート農業への参入に関しての障壁や課題を解決するデジタル化方策について詳述する。著者所属の日本総合研究所による先進農業モデルの実証調査・研究・提案の様子も伝える。

実際に農業に参入する際の課題を解決するデジタル化に焦点を当てたスマート農業の入門書。

アグリカルチャー4.0の時代
農村DX革命

三輪泰史、井熊 均、木通秀樹 著

定価2,530円（本体2,300円＋税10%）
ISBN978-4-526-07973-3

著者らが提唱し、農林水産省や内閣府から高い評価を得た農業データ連携インフラについて詳述。その基幹システムとして産官学から注目される多機能型農業ロボット「DONKEY」のコンセプトを披露し、社会実装の様子を明快に伝える。
スマート農業を駆使して誰もができる・儲かる農業という"生業"と、IoTにより不便さが払拭され豊かな自然に囲まれた"生活"を両立する農村DXモデルを示す。

IoTが拓く次世代農業
アグリカルチャー4.0の時代

三輪泰史、井熊 均、木通秀樹 著

定価2,530円（本体2,300円＋税10%）
ISBN978-4-526-07617-6

「農作業者の所得水準の低さ」という本質的な課題を解決するため、農業ロボットを含めたIoTの活用により農作業者を重労働から解放し、所得を格段に引き上げ、付加価値の高いクリエイティブな業務へと導く仕組みを説く。
そのような農業の姿を第4次農業革命と称し、そこに導入される先進技術や農業IoTシステムの全体像、新ロボットシステムの概念、ビジネスモデルを披露する。